リーマン予想とはなにか

全ての素数を表す式は可能か

中村 亨 著

ブルーバックス

装幀／芦澤泰偉・児崎雅淑
カバー写真／SPL／PPS通信社
もくじ／中山康子

はじめに

　数学は、同じ自然科学の中でも、物理学や化学とは大きく異なる点があります。その一つは、画期的な業績を上げても、それで大金を手にするようなことは基本的にないだろうということです。しかし、中には例外もあります。その一つが、本書のテーマである「リーマン予想」の解決です。成功すると、少なくとも100万ドルを手にすることができます。もちろんそのような大金を提供しようとする人がいるわけは、リーマン予想の解決が、私たちがこの世界を理解するうえで、とても大きな進展をもたらすだろうと期待されているからです。

　リーマン予想というのは、今から150年ほど前に生まれた数学の問題です。問題文としては今でも、当時と変わっていません。150年間何も変わっていないのなら、この間数学者は怠けていたのでしょうか？　もちろんそんなことはありません。多くの数学者が、血のにじむような努力を重ねてきました。関連する研究の成果は、数学の世界を大きく変えてきています。それでも、いまだ解かれていない難問なのです。

　ところで、リーマン予想とはどのような問題でしょうか。

それは、「**リーマンのゼータ関数**と呼ばれる複素数の関数の値が、どのような場合に0（零）になるか」という問題です。リーマンは、このような場所がどこであるかを予想したのですが、彼自身はそのことを証明することはできませんでした。そこで、後世にそれが正しければ証明し、間違いであれば反例を示すことが問題として残ったのです。

　しかし、ある関数の性質が、どうしてそこまで重要な問題になるのでしょうか。

　実は、リーマンのゼータ関数がどのような場合に0になるかを完全に知ることによって、原理的には全ての**素数を知る**ことができるようになるのです。素数は、古代ギリシャの昔から、人々の興味を惹いてきました。それでも疑問は次々にわいてきます。素数の全てを知ることができれば、これまでにわからなかった素数に関する多くの事柄がわかることになります。また、素数にまつわる新たな発見ももたらされるでしょう。そのような期待があるからこそ、ここまでリーマン予想が注目されるのです。

　注目の高さの反映として、リーマン予想をテーマにした書物はたくさん出版されています。しかし、リーマン予想と素数を結びつける、リーマンの研究の数学的な詳しいことについては、専門書を読むしかないでしょう。そこで、本書は、その点に、少しだけ踏み込んでみます。でも、専門書では読者がもっていると仮定されている数学的な知識も、できるだけ説明するようにします。ただし、専門書に比べるとどうしても少しざっくりとした説明になることをご容赦ください。

はじめに

　本書では、第1章で、リーマン予想と素数の結びつきについてのあらすじを説明します。数学的な詳しいことにあまり興味がない、あるいは理解する自信がないという人でも、この章は頑張って読んでみてください。その後の第2章から第5章は、数学的なことを少し踏み込んで知りたい人のために、第1章の説明のうち、ポイントとなる部分について説明していきます。とはいえ、あまり専門的にならないようにします。また、少し込み入った数式の操作が必要な事柄については、付録にまとめます。最後の第6章では、リーマン予想が生まれた後の研究の進展についてまとめます。

　したがって、とにかく全体像を知りたいという人は、第1章に続けて第6章を読めば、十分だと思います。

　リーマン予想が、いまだ解かれていないのは、究極まで考え抜かれた問題だったからなのです。このことは、この問題を考え出したリーマンが、大変に優れた数学者だったことを物語っています。実際、現代数学の基礎は、彼によって築かれたといっても過言ではありません。本書では、リーマンが現代の数学の基礎に広くかかわっていることもわかるように工夫してみました。

　この本が、リーマン予想について、読者がこれまでより深く理解する助けになることを願っています。

平成27年8月　中村　亨

もくじ

はじめに 3

第1章 リーマン予想とは何だろう 10

1.1 素数の分布 —— 11
素数とは 11
100以下の素数 12
素数はどこまでも増え続ける 13
双子素数予想 14
グリーン-タオの定理 17
素数の間隔はいくらでも大きくなる 17
素数の個数を表す関数 $\pi(x)$ 18
$\pi(x)$ がわかることと全ての素数がわかることは同じ 19
$\pi(x)$ の振る舞い——100まで 19
$\pi(x)$ の振る舞い——1000まで 20
素数定理 20
リーマンの研究の目的 23

1.2 リーマンのゼータ関数 —— 26
バーゼル問題とゼータ関数の出現 29
オイラー積表示 30
$\pi(x)$ とゼータ関数 32
リーマンのプログラム 33
複素数の登場 35
リーマンと複素関数 37
リーマンのゼータ関数に関する研究 38
関数等式とリーマン予想 39
ゼータ関数のさらなる追求 40
リーマンのプログラムの完成 42

第2章 オイラー積とは 44

2.1 ゼータ関数 —— 44
無限和の表し方 45

ディリクレの関数　47
　　n^sとは何だろう　49
　　指数関数　52
　　自然対数　55
　　積の対数は、対数の和　57
　　自然対数の底　58
　　結局、n^sとは　59

2.2 オイラー積 —— 60
　　不思議な因数分解　61
　　約数となる素数が2だけの数の逆数を全部足す　63
　　約数となる素数が2か3だけの数の逆数を全部足す　64
　　オイラー積登場！　65
　　オイラー積の正しい説明　66

第3章　リーマンのゼータ関数とは　69

3.1 複素関数とは —— 70
　　複素数の四則演算　71
　　代数学の基本定理　72
　　複素平面　73

3.2 リーマンのゼータ関数 —— 74
　　ゼータ関数の成分①：指数関数 e^z　75
　　ゼータ関数の成分②：$\Gamma(s)$　78
　　ゼータ関数の成分③：複素関数の積分　80
　　複素数の極形式と対数　81
　　複素関数の積分とは　83
　　コーシーの定理　85
　　複素微分とは　87
　　ゼータ関数は正則か　89
　　コーシー-リーマンの方程式　90
　　ゼータ関数は一つだ！　93

第4章 リーマン予想とは *98*

4.1 リーマンのゼータ関数の極 ——— *100*
ゼータ関数の特異点　101
$(e^{2\pi is}-1)=0$ となる時　102
正則関数のテイラー展開　103
零点での関数の形　105
$\Gamma(s)=0$ となる時　105
複素関数のローラン展開　106
極での関数の形　107
留数と留数の定理　108
ここまでのまとめ　110
ゼータ関数の極は $s=1$ だけ　111

4.2 ゼータ関数の零点 ——— *112*
ゼータ関数の関数等式　112
ゼータ関数の零点　116
リーマン予想の誕生　120
臨界線と $\zeta(s)$ の対称性　120
第4章のまとめ　124

第5章 リーマンの素数公式とは *126*

5.1 ゼータ関数の積表示 ——— *128*
グザイ関数 $\xi(s)$ を作る　128
$\xi(s)$ の極　130
$\xi(s)$ の零点　131
(5.2)式のからくり　132
多項式の積表示　133
オイラーの研究　135
ゼータ関数の非自明な零点の分布　135

5.2 素数公式 ——— *138*
$J(x)$ を $\zeta(s)$ から計算する　139

対数積分 $Li(x)$　143
　　　後ろの2項は定数とみなせる　145
　　　$\pi(x)$ を $J(x)$ から計算する　146
　　　$\pi(x)$ の計算　148
　　　リーマンの素数公式　149
　　　その後　149

第6章　それから　*156*
　　　素数定理のその後　157
　　　零点の計算　159
　　　鏡像の原理　160
　　　近似計算　162
　　　臨界線上の零点の存在　163
　　　ジーゲルの発見　165
　　　非自明な零点探索の加速　166
　　　ゼータ関数の研究のその後　168

付録1　オイラー積と $J(x)$　172
　　　付録1.1　オイラー積から $J(x)$ の(付1.2)式を求める　172
　　　付録1.2　関数 $J(x)$ と $\pi(x)$　178

付録2　$J(x)$ の方程式を解く　188
　　　付録2.1　フーリエ変換とリーマン　189
　　　付録2.2　リーマン積分　195
　　　付録2.3　$J(x)$ の方程式を解く　197

付録3　ゼータの特殊値　206

付録4　数式のまとめ　216

参考になる本　219
さくいん　220

第1章　リーマン予想とは何だろう

　この本では、「リーマン予想」と呼ばれる事柄について、説明したいと思います。

　リーマン予想とは、現在のドイツの数学者ベルンハルト・リーマン（1826年9月17日～1866年7月20日）が1859年に書いた論文の中で、「証明できなかったが」と前置きして述べたある数学上の事柄のことです。この事柄が、後にリーマン予想と呼ばれるようになるのです。

　その数学上の事柄とは、ゼータ関数と呼ばれる複素数の関数 $\zeta(s)$ の零点、すなわち値が 0 となる s の分布に関する予想です。彼は、簡単に場所のわかる負の偶数以外の零点は、複素数を表す平面上のある一本の直線の上にあるのではないかと予想したのです。

　このリーマン予想は、アメリカのクレイ数学研究所から、21世紀を迎えるにあたって100万ドルの賞金がかけられた7問の未解決問題の一つです。いわば、数学の未解決問題の中の代表的な問題で、しかも、その解決が、数学の発展に大きな影響をもたらすだろうと考えられている問題

の一つです。

この章では、この
リーマンの論文に基
づいて、リーマン予
想がどのようにして
生まれてきたのか、
それはどのような意
味を持つのか、とい
うことについて、一
通りの説明をしたい
と思います。途中、
専門的なことはあま
り詳しく説明しない

ベルンハルト・リーマン
SPL/PPS通信社

で進みます。それらのいくつかは後の章で改めてもっと詳
しく説明します。この章ではまずざっとあらすじを理解し
ていただくのが目標です。数式が出てきても、その意味や
雰囲気をつかんでもらえるように説明するつもりです。

さて、リーマン予想を理解する第一歩として、素数の分
布について考えることから始めることにしましょう。

1.1 素数の分布
■素数とは
　素数とは、1と自分自身以外に約数を持たない自然数の
ことです。ここで、自然数とは、1，2，3，… のよう

に物の個数を表す数です。そして、ある自然数を割り切る自然数は、その自然数の約数と呼ばれます。ただし、1は素数とは呼ばれません。2は、約数が1と2だけですから、素数です。

3も約数が1と3だけですから素数です。しかし、4は、1と2と4で割り切れ、1と 自分自身＝4 以外に2も約数に持つから、素数ではありません。

このようにして調べていくと、10以下には、2，3，5，7の4個の素数があることがわかります。

■100以下の素数

この調子で100まで続けると、素数は何個登場するでしょうか。

10以下が4個だったから、同じペースで登場すると仮定すれば40個です。でも、そうはなりません。

100以下の素数は、以下のとおり25個です。

2	3	5	7	11	13	17	19
23	29	31	37	41	43	47	53
59	61	67	71	73	79	83	89
97							

このように、素数の出現のペースは、数が大きくなるにしたがって鈍るのです。このことは、次のように考えると納得できるでしょう。

例えば、2は素数ですが、2の全ての倍数は素数ではあ

りません。また、3は素数ですが、3の全ての倍数は素数ではありません。このように、素数が1個登場すると、その全ての倍数は素数ではないのですから、素数が登場するたびに、それより大きい数の中で素数でない数の割合は増えていくのです。

■**素数はどこまでも増え続ける**

増加のペースが鈍るとしたら、素数はいつかなくなってしまうのでしょうか。

そんなことはありません。素数は無限にあります。そのことは、以下のようにしてわかります。

ここでは、素数が有限個しかないと仮定して、矛盾を導き出す、**背理法**と呼ばれる論証法で考えてみましょう。

素数が有限個しかないとすれば、素数に1から番号を振ると、番号はある自然数nで終わるはずです。これらの素数を $p_1, p_2, p_3, \cdots, p_n$ と表すことにします。p は、素数を表す英語 prime number の頭文字です。だから、素$_1$, 素$_2$, 素$_3$, $\cdots$, 素$_n$ と表しても良いのですが、ローマ字の方が簡単だし、世界中の人に分かってもらえるのでpを使うのが普通です。同様に、n は、自然数を表す英語 natural number の頭文字です。

ここで、有限個の素数の全てをかけ合わせて、1を加えた数をPとします。式で書くと $P = p_1 \cdot p_2 \cdot p_3 \cdot \cdots \cdot p_n + 1$ です。この本では、かけ算は・で表すことにします。ただし、混乱しそうな場合は×を使うし、一方、問題がないときは・も省略します。

さて、P は素数でしょうか。素数だということはありえません。なぜなら、素数は、$p_1, p_2, p_3, \cdots, p_n$ で全てですが、P はそのどれとも等しくありません。P は、それらのいずれよりも大きいからです。

素数でないならば、P はいずれかの素数で割り切れるはずです。そしてその P を割り切る素数は、$p_1, p_2, p_3, \cdots, p_n$ のどれかのはずです。しかし、$P = p_1 \cdot p_2 \cdot p_3 \cdot \cdots \cdot p_n + 1$ を $p_1, p_2, p_3, \cdots, p_n$ のいずれで割っても 1 必ず余り、割り切れません。こうして、矛盾が導かれたのですが、その原因は素数が有限個だと仮定したことにあります。したがって、素数は無限にあります。

これは、ユークリッドの『原論』に載っている議論です。素数が無限にあることは、同時に、いくらでも大きな素数が存在することを意味しています。

■双子素数予想

したがって、素数の増加のペースは鈍りながらも、どこまでも増加していきます。この増え方は、かなり複雑です。

12ページの100までの素数の表を見ても、53の次は59で、その間の 5 個の数はどれも素数ではありません。しかし、59の次の素数は61で、間には偶数が 1 個あるだけです。

この59と61のように、相続く奇数でどちらも素数である組は、双子素数と呼ばれます。**双子素数**が無限にあるかどうかは、実は、未だに解決を見ていない、素数の性質に関

する重要な未解決問題です。そして、無限にあるだろうという予想が、双子素数予想と呼ばれます。

2013年になって、その解決に向けた画期的な一歩が踏み出されました。5月13日、アメリカのハーバード大学で行われた講演で、中国出身のイータン・ジャン（Yitang Zhang、張益唐、1955〜）が、ある自然数Nで、N以下の差を持つ素数の組が無限に存在するような、そのようなNが、少なくとも1つは確かに存在するということを証明したと発表しました。

イータン・ジャン
University of New Hampshire

この数Nが2であれば、双子素数予想は正しいことになります。しかし、彼の証明では、Nは7000万より小さいということだけがわかっていました。その点では、極めて小さな一歩に思えるかもしれませんが、このような数Nの存在が証明されるということそのことが、多くの専門家にとって青天の霹靂だったのです。

取りつく島がないと思われていたところにこのような成果がもたらされたので、多くの数学者はあっと驚きましたが、実は、もっと驚かされたのは彼の経歴だったのです。このような画期的な業績を上げたのだから、彼はすでに研究者の間で一目置かれる存在だったに違いないと思いき

テレンス・タオ
©John D. & Catherine T. MacArthur Foundation

や、当時、彼を知る研究者はほとんどいなかったのです。北京大学を卒業して、アメリカのパデュー大学で1992年に博士号を取った後、1999年にやっとニュー・ハンプシャー大学で講師の仕事を得るまで、一時は会計係やサンドウィッチ売りなどをして生活してたそうです[1]。アインシュタインと似た話ですが、違うのは当時彼が57歳だったことです。このことに世間はもっと驚かされたのです。その後、数々の賞を受賞するとともに、彼もいまではニュー・ハンプシャー大学の教授となることができました。

この問題は、その後も研究がすすめられ、ジャンの発表の1年後には N は246以下になっています。これには、フィールズ賞受賞者のテレンス・タオ自身の研究や、彼を中心とするグループのインターネット上での議論が大きく寄与しています。

N が2になれば、双子素数予想が証明されるのですが、それはいつのことでしょうか。

---

[1] プリンストン高等研究所の記事による。https://www.ias.edu/ias-letter/zhang-breakthrough

第1章 リーマン予想とは何だろう

■グリーン-タオの定理

上で登場したテレンス・タオは、オーストラリア出身の数学者で、微積分を発展させた解析学の手法を使って、いろいろな問題を解いています。2004年には、ベン・グリーンとともに、「素数の中にはいくらでも長い**等差数列**が存在する」という定理を証明して世の中を驚かせました。

その意味を説明しましょう。例えば、3，5，7は素数からなる等差数列で、3項からなるものです。4項からなるものとしては、5，11，17，23があります。項の数が増えるとだんだん見つかりにくくなります。しかし、どんなにたくさんの項からなる等差数列でも、各項が素数だけのものが必ず見つかるということを彼らは証明したのです。

ベン・グリーン
©Renate Schmid, MFO

これは現在、**グリーン-タオの定理**と呼ばれています。

■素数の間隔はいくらでも大きくなる

一方で、相続く2つの素数の間隔は、いくらでも大きくなりえます。素数でない数は、**合成数**と呼ばれますが、好

きな個数だけ連続する合成数が存在するからです。このことは、以下のようにしてわかります。

まず、2個連続した合成数としては、8, 9の2個があります。これらは、$2\times3+2$, $2\times3+3$ と書けることに注意してください。

次に、3個連続した合成数としては、26, 27, 28の3個があります。これらは、$2\times3\times4+2$, $2\times3\times4+3$, $2\times3\times4+4$ と書けることに注意してください。

さて、これらの例から、n 個連続する合成数の例をどのように作ればよいかわかるでしょうか。そうです、$(n+1)!+2$, $(n+1)!+3$, $\cdots$, $(n+1)!+(n+1)$ と作れば、一つ作れます。なお、$(n+1)!$ は、「$(n+1)$ の**階乗**」と呼ばれ、$1\times2\times3\times4\times\cdots\times n\times(n+1)$ を表しています。$n=2$ とすると、$(n+1)!=3!=2\times3$、$n=3$ とすると、$(n+1)!=4!=2\times3\times4$ となるので、上の場合になります。そして、n 個の数 $(n+1)!+2$, $(n+1)!+3$, $\cdots$, $(n+1)!+(n+1)$ は順に、2, 3, $\cdots$, n, $(n+1)$ で割り切れることがわかります。つまり、この連続する n 個の数はどれも素数ではなく、合成数です。

■素数の個数を表す関数 $\pi(x)$

このように考えていくと、素数が出現する様子は、予測が難しいことがわかると思います。

リーマン予想が登場するリーマンの論文のテーマは、**「ある数未満の素数の個数を表す関数」**を求めることです。リーマンは、ある数 x 未満の素数の個数を $\pi(x)$ と書

き、これをxの関数と考えて、その式を求めようとしたのです。ただし、xは、自然数に限らず、一般の実数xとして、$\pi(x)$を考えます。

上で説明したことから、$x=10$ に対しては $\pi(10)=4$、$x=100$ に対しては $\pi(100)=25$ となります。

ただし、リーマンは、xが素数のところでは、x未満の素数の個数に1/2を加えた値を $\pi(x)$ としています。例えば、$\pi(2)=\frac{1}{2}$、$\pi(11)=4\frac{1}{2}$ というわけです。これは技術的な工夫なのですが、このようにすることは数学的に大きな意味を持っています。そのことは、後ほど簡単に説明します。

■$\pi(x)$ がわかることと全ての素数がわかることは同じ

ところで、$\pi(x)$ がわかることと、全ての素数がわかることとは同じことです。$\pi(x)$ の値が（整数＋1/2）（このような整数は、**半整数**と呼ばれます）となるxこそ、素数に他ならないからです。

$\pi(x)$ は、以下、この本で何度も出てきます。$\pi(x)$ は、素数について研究しようとする場合には、最も基本的で鍵になる関数だということを覚えておいてください。

■$\pi(x)$ の振る舞い――100まで

先ほど100までの素数を調べました。これをもとに $\pi(x)$ のグラフを、xが100までの範囲で書いてみると、図1.1のようになります。このグラフでは、xが素数のところでの半整数の値は示していません。

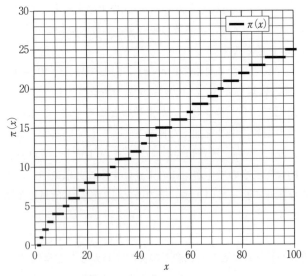

図1.1　$\pi(x)$の振る舞い（1）

■$\pi(x)$の振る舞い——1000まで

さらに1000までのグラフを書いてみると、図1.2のようになります。$\pi(x)$は、値が激しく変動する関数ではなく、xが素数のところでは飛躍があるとは言え、その大きさは図の状況からでは無視できるほどです。

■素数定理

リーマンは、素数の個数を表す関数$\pi(x)$を具体的にxの式として表そうとしているのですが、彼以前には、まず$\pi(x)$に近い関数が議論されていました。そんな中で生ま

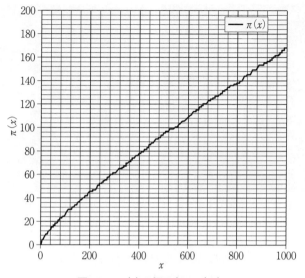

図1.2 $\pi(x)$の振る舞い（2）

れたのが**素数定理**です。ただし、それを証明することが望まれていたので、リーマンの頃には素数予想と呼ばれるべきものでした。

最初に、$\pi(x)$ に近いことが予想されたのは、$x/\log x$ です。もともとは、オイラーが1762〜63年に述べていたことですが、1792年には若いガウスが、シュルツェのまとめた素数表（1788年）の余白に同じ主張を書き記しているそうです。もちろん、素数は無限にあるので、すでに素数が求められている範囲で $\pi(x)$ と $x/\log x$ が近いからといって、さらにxがどんどん大きくなっても近いかどうかはわかりません。

レオンハルト・オイラー
Bridgeman Images/PPS通信社

カール・フリードリッヒ・ガウス
SPL/PPS通信社

そのうち、**対数積分**と呼ばれる $Li(x)$ も、$\pi(x)$ をとてもよく近似する関数として知られるようになりました。$Li(x)$ については、後の章で少し説明します。ここでは、$Li(x)$ という記号で書かれる関数が、$\pi(x)$ に近いことが予想されてきたということだけ覚えておいてください。

$Li(x)$ が $\pi(x)$ をとてもよく近似するということが最初に述べられているのは、ドイツの天文学者ベッセル（1784〜1846）が、同じくアマチュア天文学者オルバース（1758〜1840）に宛てた、1810年9月1日付の手紙[2]だそうです。

手紙の中でベッセルは「ガウスによれば $\pi(400000) = 33859$ と $Li(400000) = 33922.621995$ で相対誤差（両者

---

[2] 以下、W.ナルキェヴィッチ著（中嶋眞澄訳）『素数定理の進展　上』（丸善）による。

の差の400000に対する割合）は0.02％より小さい」と書いているそうです。ガウス自身は、もっと後の1849年に、ガウスの学生で天文学者のエンケに宛てた手紙の中で、さらに3000000以下の素数表をもとに $\pi(x)$ は、$x/\log x$ でよく近似されるが、$Li(x)$ による方がもっとよく近似されるという信念を再度述べているそうです。しかし、ガウスはこれらの主張を証明することはできませんでした。

結局、$\pi(x)$ は $x/\log x$ と $Li(x)$ のどちらによってもよく近似されるということは後に証明されます。詳しくは、$\pi(x)$ と $x/\log x$、$Li(x)$ のそれぞれとの比は、x が大きくなるにつれ1に近づきます。これが、素数定理と呼ばれるものです。

■リーマンの研究の目的

ところで、リーマンが $\pi(x)$ を表す式を求めようとした動機はなんだったのでしょうか。

それは、素数定理の証明でした。素数定理がどのようなものかは上で触れていますが、リーマンの頃にはまだ証明されていなかったのです。リーマンは $\pi(x)$ の式を見出せば素数定理も証明できると考えたのでした。当然ですよね。しかし、リーマンは式を完全に求めることはできなかったので、素数定理も最終的には証明できず、代わりにリーマン予想が生まれました。それでも、リーマンの研究の結果からは、それまでよりも証明に肉薄する結果が得られ、それがリーマン予想の生まれた論文の結びとされています。

ところで、リーマン予想が登場するリーマンの1859年の論文は、『**与えられた数より小さい素数の個数について**』という題名です。この年、リーマンはゲッティンゲン大学の教授となりましたが、ベルリン学士院の通信会員にも選ばれました。そこで学士院の月報に寄稿したのがこの論文です。全部で10ページにも満たない論文で、素数の分布に関するリーマンの研究の要約がその内容ですが、リーマンの独創的なアイディアが凝縮された論文です。

リーマン予想が登場する論文

$\pi(x)$ は図1.1や図1.2のように階段状の関数で、x が素数のところでは飛躍がありグラフが繋がっていない、**不連続**な関数なのです。とはいえ、x の増加に伴って $\pi(x)$ が減少することはなく増加する一方で、しかも値の変化はたかだか $\frac{1}{2}$ ですから、手に負えないほど複雑な関数ということはできないでしょう。しかし、$\pi(x)$ の値の増加、すなわち素数がいつ出現するかは予測がつかないのですから、そのような関数を表す式を求めようというのは、素人目にはかなり大胆な企みと言わざるを得ないですよね。

そして、そのような企ての中で、リーマン予想は生まれたのです。

現在では、コンピューターを使ってゼータ関数の零点を計算することが行われ、虚部と呼ばれる数の絶対値が小さい方から20兆個までの零点は、確かにリーマンが予想したある一本の直線の上に載っていることがわかっています[3]。その直線は、実部と呼ばれる数が1/2の複素数のつくる直線です。

リーマンの手にした $\pi(x)$ の式は全ての零点の場所がわからないと完全なものにはならないのですが、なんと、考慮する零点の数を増やしていくとどんどん $\pi(x)$ に近付いていく様子がわかるウェブ・ページ[4]を作った日本の人がいるので、私たちもその様子を鑑賞することにしましょう。

図1.3はガウスが近いと言った $li(x)(=Li(x)-Li(2))$ のグラフですが、これは、一貫して $\pi(x)$ を上回って差が大きいですね。図1.4は、リーマンが手にした $\pi(x)$ の公式のうち、零点の情報を使わない場合ですが、これは平均的には $\pi(x)$ と重なり合っていて、かなりの改善です。以下、零点の情報を20個、200個、1000個分使った場合ですが、どんどん $\pi(x)$ に近付いていき、1000個の場合に

---

[3] Alan Turing and the Riemann zeta function, D. A. Hejhal and A. M. Odlyzko. in Alan Turing — His Work and Impact, S. Barry Cooper and Jan van Leeuwen, eds., Elsevier, 2013, pp. 265-279 による。

[4] http://tsujimotter.info/riemann/　本書に掲載した図は、一部改変しました。

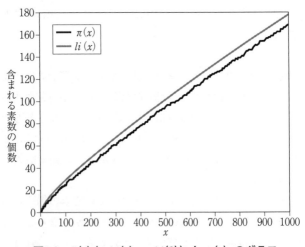

図1.3 $li(x)$ ($=Li(x)-Li(2)$) と $\pi(x)$ のグラフ

は、$\pi(x)$ の階段状の形状が見事に再現されています。

しかし $\pi(x)$ は、素数に関する式です。一方、リーマン予想は複素数の関数の性質についての予想です。なぜ、素数の問題を考えているのに複素数の関数を考えなければならないのでしょう。

次節でその秘密を明かしましょう。それは、リーマン予想の誕生の秘密に他なりません。

1.2 リーマンのゼータ関数

リーマン予想とは、「リーマンのゼータ関数」と呼ばれる複素数の関数 $\zeta(s)$ の性質についての予想です。変数の s は複素数を表しています。この関数と素数とのかかわりの出発点の一つは、**バーゼル問題**と呼ばれた問題です。

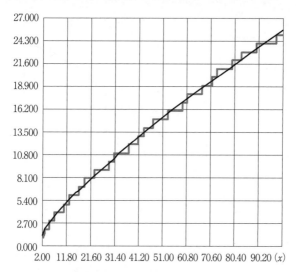

図1.4 $\pi(x)$(階段状の淡い太線)とリーマンの公式(濃い細線:零点の情報を使わない場合)

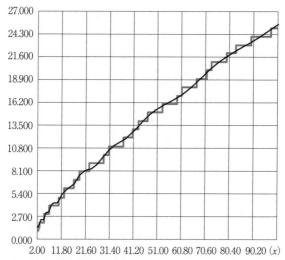

図1.5 $\pi(x)$(階段状の淡い太線)とリーマンの公式(濃い細線:20個の零点の情報を使った場合)

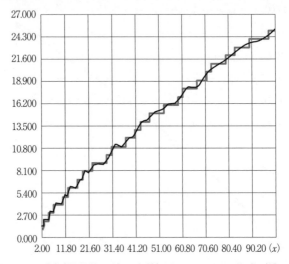

図1.6 $\pi(x)$（階段状の淡い太線）とリーマンの公式（濃い細線：200個の零点の情報を使った場合）

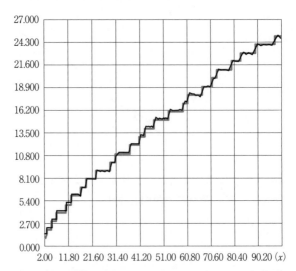

図1.7 $\pi(x)$（階段状の淡い太線）とリーマンの公式（濃い細線：1000個の零点の情報を使った場合）

■バーゼル問題とゼータ関数の出現

バーゼル問題で問われたのは、全ての自然数 n に対して、n^2 の逆数の和を足しあげた値です。式で書くと、

$$\frac{1}{1^2}+\frac{1}{2^2}+\frac{1}{3^2}+\frac{1}{4^2}+\frac{1}{5^2}+\cdots=\frac{1}{1}+\frac{1}{4}+\frac{1}{9}+\frac{1}{16}+\frac{1}{25}+\cdots$$

この値はいくつになると思いますか。それが $\frac{\pi^2}{6}$ であることを正しく突き止めたのが、18世紀のスイス出身の数学者オイラーでした。π は円周率（＝3.141592…）です。全ての自然数に関する和に円周率が出てくるのです。つくづく不思議な式だと思います。

オイラーは、さらに、n^2 の右肩の**指数**2を、3や4、さらには3.11や12.345…のような一般の実数にした場合を考えました。その値を、考えている実数 s の関数と考え研究したのです。

この関数は、**総和記号**と呼ばれる記号 Σ を使って、

$$\sum_{n=1}^{\infty}\frac{1}{n^s}=\frac{1}{1^s}+\frac{1}{2^s}+\frac{1}{3^s}+\cdots \quad (s は1より大きな実数) \quad (1.1)$$

と表されます。Σ は、シグマと読みます。これは、和（sum）の頭文字のsに当たるギリシャ大文字です。この関数については、第2章で説明します。

(1.1) 式は、実数 s の関数ですが、これが後に複素数 s の関数 $\zeta(s)$ に発展します。成長するといってもいいのですが、実は、$\zeta(s)$ こそが本来の姿であって、(1.1) 式は

仮の姿と思ってもいいのです。

なお、$\sum_{n=1}^{\infty} \frac{1}{n^s}$ は、s が1以下の実数の時は値が無限大になってしまい、値を考えることができませんが、実はオイラーは独自の解釈でsがそのような実数の場合でも (1.1) 式を考えています。

■オイラー積表示

オイラーはさらに、(1.1) 式が、全ての素数を用いた別の式でも表されることを発見しました。この表し方は、**オイラー積**表示と呼ばれています。この事実は、総和記号に加え、**総乗記号** Π を用いて、

$$\sum_{n=1}^{\infty} \frac{1}{n^s} = \prod_{p:\text{素数}} \left(1 - \frac{1}{p^s}\right)^{-1} \quad (s\text{ は1より大きな実数}) \quad (1.2)$$

$$= \prod_{p:\text{素数}} \frac{1}{\left(1 - \frac{1}{p^s}\right)}$$

$$= \frac{1}{\prod_{p:\text{素数}} \left(1 - \frac{1}{p^s}\right)}$$

$$= \frac{1}{\left(1 - \frac{1}{2^s}\right)\left(1 - \frac{1}{3^s}\right)\left(1 - \frac{1}{5^s}\right)\cdots}$$

$$= \frac{2^s \cdot 3^s \cdot 5^s \cdots}{(2^s - 1)(3^s - 1)(5^s - 1)\cdots}$$

と表されます。最初の等号がオイラーでなくては見抜けなかったものです。以降は、$\prod_{p:\text{素数}}\left(1-\frac{1}{p^s}\right)^{-1}$ の書き換えで、最初の等号の右辺から、2段目、3段目、4段目、5段目は、どれも同じことを表しています。Π は、パイと読みます。これは、積（product）の頭文字の p に当たるギリシャ大文字です。小文字が、円周率を表す π です。(1.2)式についても、第2章で説明します。

　(1.2) 式のイメージをつかむために、バーゼル問題の $s=2$ の場合を書くと、

$$\frac{1}{1^2}+\frac{1}{2^2}+\frac{1}{3^2}+\frac{1}{4^2}+\frac{1}{5^2}+\cdots = \frac{1}{1}+\frac{1}{4}+\frac{1}{9}+\frac{1}{16}+\frac{1}{25}+\cdots$$

$$=\frac{1}{\left(1-\frac{1}{2^2}\right)\left(1-\frac{1}{3^2}\right)\left(1-\frac{1}{5^2}\right)\cdots}$$

$$=\frac{1}{\left(1-\frac{1}{4}\right)\left(1-\frac{1}{9}\right)\left(1-\frac{1}{25}\right)\cdots}=\frac{1}{\left(\frac{3}{4}\right)\left(\frac{8}{9}\right)\left(\frac{24}{25}\right)\cdots}$$

$$=\frac{4\cdot 9\cdot 25\cdots}{3\cdot 8\cdot 24\cdots}$$

となります。この2番目の式 $\frac{1}{1}+\frac{1}{4}+\frac{1}{9}+\frac{1}{16}+\frac{1}{25}+\cdots$ と最後の式 $\frac{4\cdot 9\cdot 25\cdots}{3\cdot 8\cdot 24\cdots}$ を見て、この2つの値が等しいと想像がつくでしょうか。

さて、(1.2) 式では左辺には自然数全て、右辺には素数全てが登場し、それらが左辺では和で、右辺では積でつながれています。(1.2) 式は、その二つを結んでおり、つくづく不思議な式だと思います。

のみならず、(1.2) 式こそは、素数の個数を表す関数 $\pi(x)$ と、後にリーマンの研究することになる、「リーマンのゼータ関数」と呼ばれる複素数 s の関数 $\zeta(s)$ の関係を宿している式なのです。

つまり、オイラー積表示 (1.2) こそは、リーマン予想の生みの親と言っても過言ではありません。第2章でもう少し詳しく説明しますので、ぜひ理解を深めてほしいと思います。

■$\pi(x)$ とゼータ関数

$\pi(x)$ と $\zeta(s)$ の関係は、以下の事実が始まりです。

オイラー積表示 (1.2) をもとにすると、$\sum_{n=1}^{\infty} \frac{1}{n^s}$ が、$\pi(x)$ から計算できることがわかるのです。すると、この計算式は、関数 $\pi(x)$ を未知数とする方程式だと考えることができます。

そして、この方程式を $\pi(x)$ について解くことができれば、目的の $\pi(x)$ がわかることになります。ただし、その式は、$\sum_{n=1}^{\infty} \frac{1}{n^s}$ を含んでいますから、$\sum_{n=1}^{\infty} \frac{1}{n^s}$ がどのような関数かわかっていさえすれば $\pi(x)$ がわかることになります。

これが $\pi(x)$ と $\sum_{n=1}^{\infty} \frac{1}{n^s}$ の関係なのですが、オイラー積表示 (1.2) は、実数 s の関数の間に成り立つ式です。つまり上の話では、$\sum_{n=1}^{\infty} \frac{1}{n^s}$ の s は実数で十分で、s を複素数にして考えた $\zeta(s)$ の出番はないように思えます。いったいどうして、s を複素数にして考える必要があるのでしょうか。

実は、リーマンの考えた方法でこの $\pi(x)$ についての方程式を解くまさにその時に、s を複素数にして考えなくてはならなくなるのです。

■ リーマンのプログラム

なぜ素数の研究に複素数の関数が登場するのかを知るために、リーマンがどのように $\pi(x)$ の方程式を解いたかを、もう少し詳しく説明します。複雑そうな数式が登場しますが、完全に理解する必要はありません。どれも後の章で詳しく説明します。ここでは、流れをつかんでもらうのが目的です。

まずオイラー積表示 (1.2) をもとにすると、$\sum_{n=1}^{\infty} \frac{1}{n^s}$ を、$\pi(x)$ を使って計算する式は、以下のとおりとなります。

$$\log\left(\sum_{n=1}^{\infty} \frac{1}{n^s}\right) = s \int_1^{\infty} J(x) x^{-s-1} dx \tag{1.3}$$

左辺には関数 $\sum_{n=1}^{\infty} \frac{1}{n^s}$ が自然対数に代入された合成関数があります。右辺では、まず $J(x)$ という関数に x^{-s-1} という関数をかけて x で積分し、その結果 s の関数になったものに s をかけた関数があります。そして、これらの両辺の2つの s の関数が等しいという式なのですが、「あれ、(1.3) 式には $\pi(x)$ がないぞ。$J(x)$ は $\pi(x)$ の間違いでは？」と思われた方もいるでしょう。実は、右辺に登場する関数 $J(x)$ は、$\pi(x)$ からある一定の方法で計算される関数です。$J(x)$ の中に $\pi(x)$ が隠れているのです。

　そして、ここが肝心なのですが、逆に $J(x)$ から $\pi(x)$ を復元する計算法があるのです。つまり、$\pi(x)$ を知るためには、$J(x)$ がわかれば十分なのです。この計算法は、**メビウス変換**と呼ばれます。メビウス (1790〜1868) は、19世紀の今のドイツの数学者です。読者は、「メビウスの帯」と呼ばれる、表裏のない曲面をご存知でしょう。また、変換というのは、ここでは、関数に、別の関数を対応させる決まりのことです。なお、実際にはメビウスとメビウス変換の間には関係はないのだそうです。

　(1.3) 式がどのようにして作られるかは、後の章でさらに説明します。おおまかに言えば、オイラー積表示 (1.2) の両辺の対数をとって、それに少し工夫を加えて得られます。

　さて、(1.3) 式を見てリーマンは、これを $J(x)$ の方程式のように考えた時、どのようにすればこれを解いて

第1章 リーマン予想とは何だろう

$J(x)$ を $\sum_{n=1}^{\infty} \frac{1}{n^s}$ で表すことができるかに気が付いたのです。それはフーリエ逆変換と呼ばれる計算方法を使うことで達成されます。フーリエ（1768〜1830）は、18〜19世紀のフランスの数学者です。読者には、フーリエ級数という言葉を聞いたことがある方もいらっしゃるでしょう。**フーリエ変換**はこの、フーリエ級数を発展させたものです。リーマンは、フーリエ変換も深く研究していたので、閃いたのでしょう。

こうして、リーマンは、$\pi(x)$ の式は、$\sum_{n=1}^{\infty} \frac{1}{n^s}$ から計算できるということを発見したのです。$\sum_{n=1}^{\infty} \frac{1}{n^s}$ のオイラー積表示に全ての素数が登場するとはいえ、それを用いて素数の出現の様子を表すことができるとは、予想しろといわれても無理なのではないでしょうか。

■複素数の登場

さて、いよいよ素数の性質を知るのになぜ複素数が登場するのかという疑問に答える時が来ました。

実は、この方程式 (1.3) を解く段階で、リーマンのプログラムに複素数が登場するのです。つまり、この $J(x)$ の式を求める過程で、$\sum_{n=1}^{\infty} \frac{1}{n^s}$ を複素数の s に対しても考えることが必要となります。リーマンは、それを $\zeta(s)$ と書

き表しました。$\sum_{n=1}^{\infty} \frac{1}{n^s}$ は、s が1以下の実数の時は値が無限大になってしまうので、複素数についてもこのまま同じ記号を使うわけにはいかないと考え、新しい記号で表したのでしょう。ζ はローマ字の z に当たる、ギリシャ文字の小文字で、ゼータあるいはツェータと読まれます。

関数を表すのに ζ の字を使った人は他にもいるので、現在では、ここで考えている $\sum_{n=1}^{\infty} \frac{1}{n^s}$ の複素関数版 $\zeta(s)$ は、「リーマンのゼータ関数」と呼ばれるようになりました。

(1.3) 式を $J(x)$ について解いた結果は、以下のとおりです:

$$J(x) = \frac{1}{2\pi i} \int_{a-\infty i}^{a+\infty i} \frac{\log \zeta(s)}{s} x^s ds$$

(ただし、a は1より大きい実数) (1.4)

この式では、右辺で積分をする範囲が複素数になっています。つまり被積分関数 $\frac{\log \zeta(s)}{s} x^s$ の変数 s が複素数の時の値を考えなくてはなりません。そこで、$\sum_{n=1}^{\infty} \frac{1}{n^s}$ ではなく $\zeta(s)$ と書いています。このようにして、ゼータ関数 $\zeta(s)$ を複素数 s の関数として考える必要が生まれるのです。

$\zeta(s)$ を $\sum_{n=1}^{\infty} \frac{1}{n^s}$ として考え始めたオイラーも、オイラ

ーの $\sum_{n=1}^{\infty} \dfrac{1}{n^s}$ を一般化した、現在**ディリクレ級数**と呼ばれるものを研究した、リーマンの先生だったディリクレも、どちらも変数 s は実数として考えていました。複素数として考え始めたのはリーマンが最初だったのです。

このあたりのことについては、第3章で説明します。

■リーマンと複素関数

しかし、(1.4)式が複素関数 $\zeta(s)$ を考えた理由であるとするのは、的を外しているかもしれません。リーマンは、複素数の関数の一般論を深く研究していました。そこで、関数を複素数で考えるのは、彼にとっては当たり前のことだったのです。

例えば、複素数の範囲で考えると、未知数の多項式で表される方程式は、必ず解を持ちます。また、**複素微分**できる関数は、とても良い性質を持ちます。複素微分とはどのようなものかや、良い性質とはどのようなことかは、後の章で少し説明します。これらの性質は、実数の世界では期待できないことです。このように、複素数の世界で数学を考えることは、とても自然なことだと言えるのです。

彼は、複素数の関数に関するそれまでの研究成果を体系付けてまとめ上げ、その後の一般論の発展の礎を築いています。のみならず、彼はそのようにして築き上げた複素数の関数の一般論を、数学としてのいろいろな問題に実際に応用して見せました。本書の主題のリーマン予想が登場する1859年の論文も、彼のそんな応用の一つです。これまで

の説明でおわかりのとおり、素数の研究への応用の例です。

他には、曲面の研究への応用が有名です。そのため、曲面を複素数の関数の理論を使って研究する場合は、現在では特に**リーマン面**と呼ばれています。この分野は後に、日本人最初のフィールズ賞受賞者、小平邦彦（1915〜1997、1954年にフィールズ賞受賞）の研究にもつながっていきます。それはさらに、2014年に亡くなったフランスの数学者グロタンディーク（1928〜2014、1966年にフィールズ賞受賞）による数学上の一大革命にもつながるものです。

■リーマンのゼータ関数に関する研究

$\pi(x)$ を求めるために、(1.4) 式から $J(x)$ を求めようとすると、$\sum_{n=1}^{\infty} \dfrac{1}{n^s}$ を複素数の s に対しても考えた複素関数 $\zeta(s)$ が必要になるので、リーマンは複素数の関数 $\zeta(s)$ がどのような関数であるかを詳しく調べることにしたのでした。そして、その過程で、**リーマン予想**が生まれます。

このように、(1.4) 式こそがリーマンの論文の核心ということができます。しかし、ここまでの、$J(x)$ と $\pi(x)$ の関係、(1.3) 式とそれにフーリエ逆変換を施して得られた (1.4) 式の部分は、できるだけ平易に説明しようとしても、ある程度数式になれている人でないと理解しにくいので、説明は付録ですることにします。

リーマンは、$\zeta(s)$ に関してどのようなことを発見し、そして、リーマン予想が登場したのでしょうか。

第1章　リーマン予想とは何だろう

　リーマンは、まず、全ての複素数 s に対して、$\zeta(s)$ をどのように決めればよいのかを突き止めました。

　次に、(1.4) 式の被積分関数の特異点の情報を集めます。特異点とは、被積分関数の値が無限大になったりして考えられない点などのことです。(1.4) 式の被積分関数 $\dfrac{\log \zeta(s)}{s} x^s$ の特異点は、分母が 0 になる $s=0$ の他は、$\log \zeta(s)$ の値が考えられない点です。それらは、$\zeta(s)$ が発散してしまう $s=1$ の他は、$\zeta(s)=0$ となる点です。後者が、**ゼータ関数の零点**と呼ばれる点です。

　ついに、リーマン予想のキーワードである「ゼータ関数の零点」が登場しました。

■関数等式とリーマン予想

　リーマンは、零点の存在する範囲を絞り込んでいったのですが、その過程で $\zeta(s)$ の値の分布に潜む対称性が重要な役割を果たします。この対称性を表す関係式は**関数等式**と呼ばれます。関数等式は、もともとはオイラーが実数の s に対して、彼独自の理由づけで発見していたものを、リーマンが複素数の s に対して、きちんとした理由づけで証明したものです。

　これは、$\displaystyle\sum_{n=1}^{\infty} \dfrac{1}{n^s}$ を複素数の s に対してどのように考えればよいかを、リーマンが $\zeta(s)$ として正しく見抜いたことからなしえたことです。

　零点の中には簡単にどこにあるかわかるものもありま

す。それらは、負の偶数にあり、**自明な零点**と呼ばれます。

問題は、どこにあるか簡単にはわからない零点です。これらの零点は、**非自明な零点**と呼ばれます。リーマンは、それらはどれも複素数の実部と呼ばれる数が全て $\frac{1}{2}$ なのではないかと考えました。どれも複素数として $\frac{1}{2}+ti$ という形に書かれるだろうというのがそのより具体的な中身です。ただし、i は**虚数単位**と呼ばれ、その2乗 i^2 が -1 となる数 $\sqrt{-1}$ を表しており、t は実数です。これらの点は、複素数全体を表す平面上で一本の直線になります。零点は全てその直線上にあるというのです。しかし、リーマンは、**そのことは極めて確からしいので証明しようと何度もトライしたが、成果は出なかった**と述べたのです。

これが、現在リーマン予想と呼ばれているものです。このあたりのことは、第4章で説明しましょう。

結局、零点の場所を突き止められなかったリーマンは、窮地に陥ったことになりますが、$\pi(x)$ の式を求める研究もここで終わりを迎えたのでしょうか。いったいどうなってしまったのでしょうか。

■ゼータ関数のさらなる追究

実は、リーマンの論文には続きがあります。

彼は、証明できなかったと書いた直後に、**当面の目的のためには証明することは必要ないから、深追いしない**と書いています。思い出してください。論文のテーマは、素数

の分布を表す関数 $\pi(x)$ の式を求めることです。そのためには、リーマン予想の解明はいったん棚に上げることができるというのです。いったいどういうことでしょうか。

彼は、最終的に $\pi(x)$ の式を手にしたのです。詳しくいうと、彼は、零点の位置を使って、直接ゼータ関数自体を書き表す式を発見したのです。このゼータ関数の式を (1.4) 式に代入して、リーマンは計算を実行し $\pi(x)$ の式を手にします。

これらの式は例えば2次方程式の解の公式のようなものでしょうか。解の公式で係数が特定されれば真の解がわかります。同様に、リーマンの式で全ての零点の位置が特定されれば真のゼータ関数の式、そして $\pi(x)$ の式がわかります。

しかし、方程式も5次以上になれば解の公式は存在しません[6]。同様に、そのようなゼータ関数の式が存在することは当たり前というわけではありません。リーマンは、このような式の存在を、零点の具体的な場所はわからないのですが、それでもそれらがどのように分布しているかを調べることで示しました。

不思議なことに、範囲をどんどん広げていった時に、零点の個数がどのように増えていくかは大まかにわかってしまうのです。そして式の存在を示すには、この大まかな情報で十分なのです。この大まかな情報を、リーマンは、「偏角の原理」と呼ばれる複素関数論の有名な定理を使っ

---

[6] 詳しくは、例えば拙著『ガロアの群論』(ブルーバックス) をご覧ください。

て手にしました。彼はここでも、今日複素関数の理論を勉強する人は誰でも教わるような基本的な定理を、ゼータ関数の性質を解き明かすという数学的に深い研究のために見事に応用して見せています。

なお、このゼータ関数の式は、多項式の因数分解のような式です。それは、ゼータ関数が、ほとんど**無限次数の多項式**であることを意味しています。このことは、ゼータ関数が手の付けられない関数ではなくて、どちらかというと理解しやすい関数であることを示しています。だからといって、完全に解明することがたやすいわけではないのです。

■リーマンのプログラムの完成

もちろん、零点の具体的な位置がわからない限り $\pi(x)$ の式は完成したとはいえません。しかし、零点の位置を必要としない部分からだけでも、彼以前の研究では得られなかった結果を得ることができます。言うまでもなく、零点の位置がわかった暁には、それを直接用いて $\pi(x)$ の式が完成します。

ゼータ関数の式から $\pi(x)$ の式を求め、それから、以上の結果を導き出すという過程は、第5章で簡単に説明します。

なおリーマン予想の「予想」は、英語ではhypothesis です。これは普通、日本語では仮説と訳されます。議論をするにあたって仮定する事柄という意味です。有名なポアンカレ予想の予想は、英語では conjecture です。数学で

予想というと普通は conjecture を使います。ですからリーマン予想の「予想」は、普通の予想とは違います。リーマンの目的は別にあり、リーマン予想で述べられている事実を証明することではなかったし、その目的を達成するためには必要ないと思ったのです。

そして、実際リーマンの目的にとっては必要なかったことは、歴史が証明しています。

前節の終わりで説明したとおり、リーマンの目的は、素数定理を証明することでした。そのために $\pi(x)$ の式を求めようとしたのですが、$\zeta(s)$ の零点を突き止めることはできなかったために、具体的な式を求めることはできませんでした。それでも、彼以前の研究より素数定理に肉薄する結果を得ることはできたのですが、結局のところ素数定理を証明することはできませんでした。

さて、続きはリーマンの死後のことなので、最終の第6章でお話しすることにしましょう。

次章からは、ここまでに説明した事柄を、もう少し詳しく説明したいと思います。数式が増えますが、それは少しでも正確に説明するために登場させるものです。その意味をつかむことを目的に読み進めてください。そして、リーマンの素直な発想や、それを支える数学の広く深い考察を感じ取っていただけるようにしたいと思います。

もちろん、ざっと眺めるだけでもいいですし、さっさと第6章で続きを読んでしまっても結構です。

第2章 オイラー積とは

　第1章で説明したことは、リーマン予想とはゼータ関数と呼ばれる関数の性質についての予想で、それは、素数の出現の様子を表す関数 $\pi(x)$ の式を求める研究の中で生まれ、リーマンがその性質を深く研究したということでした。

　この章から第5章では、第1章であらすじを説明した事柄について、改めてバーゼル問題から始めて、少しだけ詳しく説明していくことにしましょう。この章でのキーワードは「自然数の累乗の逆数の和」と「オイラー積」です。

2.1　ゼータ関数

　ゼータ関数の始まりは、次の式の値を求めることでした。

$$\frac{1}{1^2} + \frac{1}{2^2} + \frac{1}{3^2} + \cdots \tag{2.1}$$

これは、バーゼル問題と呼ばれましたが、上の式の値が

$\dfrac{\pi^2}{6}$ であることを正しく突き止めたのが、有名なオイラーでした。オイラー(1707〜1783)は、スイスのバーゼルに生まれた、近代の数学の父と言ってもよい人です。有名なベルヌーイ家のダニエル・ベルヌーイ(1700〜1782)とともに、ダニエルの父ヨハン・ベルヌーイ(1667〜1748)から数学の手ほどきを受

ダニエル・ベルヌーイ
Science Source/PPS通信社

け、その頃解いた問題が、このバーゼル問題です。

■無限和の表し方

ここで、(2.1)式が何を表しているのか説明しましょう。

(2.1)式の…は、省略記号です。(2.1)式が表しているのは、$\dfrac{1}{1^2}$, $\dfrac{1}{1^2}+\dfrac{1}{2^2}$, $\dfrac{1}{1^2}+\dfrac{1}{2^2}+\dfrac{1}{3^2}$ とそれまでの和に、次の数の自乗の逆数をどんどん足していったとして、その答えがある値に限りなく近づくような場合の、その値を表しています。今の場合、それが $\dfrac{\pi^2}{6}$ なのです。

どんどん足すことも、最後の数が大きくなると、書くのが大変です。そこで、例えば、100まで足すことを、…を利用して、

$$\frac{1}{1^2}+\frac{1}{2^2}+\frac{1}{3^2}+\cdots+\frac{1}{100^2}$$

と書くのです。途中の…の部分では、4から99までの全ての自然数について、その自乗の逆数を足し上げているわけですが、途中を飛ばさずに全て足し上げていることは、初めの $\frac{1}{1^2}+\frac{1}{2^2}+\frac{1}{3^2}$ からわかってもらおうというわけです。しかし、初めの3つだけ見て100までの規則を当てろというのは、かなりひどい話かもしれません。

そこで、足し上げ方を曖昧さなしに表すためには、総和記号 Σ を用いて、以下のとおり表します。

$$\frac{1}{1^2}+\frac{1}{2^2}+\frac{1}{3^2}+\cdots+\frac{1}{100^2}=\sum_{n=1}^{100}\frac{1}{n^2}$$

これは、$\frac{1}{n^2}$ の n に1から100までを順に代入し、その結果を全て足す、という意味です。Σ の右にどのような数を足し合わせるか書きます。そこに登場する変数の始まりを Σ の下に書いて、上に終わりを書きます。こうすれば、何を足し合わせるのかがはっきりします。

そうすると、(2.1) 式は、$\sum_{n=1}^{100}\frac{1}{n^2}$ の100のところを、どんどん大きな数に変えていった時のことを表しています。その結果、ある数に近づくなら、その数を極限の記号を使うと $\lim_{k\to\infty}\sum_{n=1}^{k}\frac{1}{n^2}$ と表すことができます。和のおしまいを変数 k で表しておいて、これをどんどん大きくすること

を $k \to \infty$ と表し、近づく先を極限記号 $\lim$ を使って表すのです。

さらに、これを $\sum_{n=1}^{\infty} \frac{1}{n^2}$ と表すこともあります。この表し方を使うと、(2.1) 式は、以下のとおり書き表すことができます。

$$\sum_{n=1}^{\infty} \frac{1}{n^2} \qquad (2.2)$$

■ディリクレの関数

オイラーは、(2.2) 式で、左辺の n^2 の指数の 2 のところを他の実数 s にした以下の式を考えました。

$$\sum_{n=1}^{\infty} \frac{1}{n^s} = \frac{1}{1^s} + \frac{1}{2^s} + \frac{1}{3^s} + \cdots \qquad (2.3)$$

例えば、$s=1$ とすると、(2.3) 式は以下のとおりとなります。

$$\sum_{n=1}^{\infty} \frac{1}{n} = \frac{1}{1} + \frac{1}{2} + \frac{1}{3} + \cdots \qquad (2.4)$$

(2.4) 式の右辺は自然数の逆数を順に足し上げたもので、**調和級数**と呼ばれます。足し上げる数が増えるにつれ、この式の値はいくらでも大きくなってしまいます。このことは大事なので、説明を次の囲みにまとめておきます。

下のような計算でわかります：

$$\frac{1}{1}+\frac{1}{2}+\frac{1}{3}+\frac{1}{4}+\frac{1}{5}+\frac{1}{6}+\frac{1}{7}+\frac{1}{8}+\frac{1}{9}+\frac{1}{10}+\frac{1}{11}$$

$$+\frac{1}{12}+\frac{1}{13}+\frac{1}{14}+\frac{1}{15}+\frac{1}{16}+\frac{1}{17}+\cdots$$

$$>1+\frac{1}{2}+\frac{1}{4}+\frac{1}{4}+\frac{1}{8}+\frac{1}{8}+\frac{1}{8}+\frac{1}{8}+\frac{1}{16}+\frac{1}{16}$$

$$+\frac{1}{16}+\frac{1}{16}+\frac{1}{16}+\frac{1}{16}+\frac{1}{16}+\frac{1}{16}+\frac{1}{32}+\cdots$$

$$=1+\frac{1}{2}+\left(\frac{1}{4}+\frac{1}{4}\right)+\left(\frac{1}{8}+\frac{1}{8}+\frac{1}{8}+\frac{1}{8}\right)+\left(\frac{1}{16}+\frac{1}{16}\right.$$

$$+\frac{1}{16}+\frac{1}{16}+\frac{1}{16}+\frac{1}{16}+\frac{1}{16}+\frac{1}{16}\Big)+\left(\frac{1}{32}+\cdots\right.$$

$$=1+\frac{1}{2}+2\times\frac{1}{4}+4\times\frac{1}{8}+8\times\frac{1}{16}+16\times\frac{1}{32}+\cdots$$

$$=1+\frac{1}{2}+\frac{1}{2}+\frac{1}{2}+\frac{1}{2}+\frac{1}{2}+\cdots=\infty$$

このようにsの値によっては $\sum_{n=1}^{\infty}\frac{1}{n^s}$ は、意味がなくなることもありますが、オイラーは (2.3) 式の値を、sに対応させて関数として研究しました。この関数には、特に名前がないのですが、リーマンの先生だったディリクレ (1805～1859) がこれを一般化した関数を研究したので、ディリクレの関数と呼ばれることがあります。

■n^s とは何だろう

ところで、s が 2, 3, … と自然数だったなら n^s は $n^2=n\times n$, $n^3=n\times n\times n$, … と n を s 個かけ合わせた数です。しかし、s は自然数とは限らず、分数や無理数に対しても考えるのです。s が自然数ではない時、n^s とは何を意味しているのでしょうか。自然数

ルジューヌ・ディリクレ
Granger/PPS通信社

以外の s の場合は、以下の**指数法則** (2.5) が成り立つように考えていくのです。指数とは、n^s の n の右肩に乗っている s のことです。このことを以下で説明しましょう。

$$n^a\times n^b=n^{a+b} \tag{2.5}$$

ただし、以下の説明が難しいと感じる読者は、n^s が出てくるたびに s を 2 や 3 に読み替えても、そんなに困らないと思います。

また、この点に疑問を感じない読者は、以下の説明を飛ばして次の節に進んでも困らないでしょう。

①s が 0 の場合

例えば、3^0 に 3^3 をかけてみます。この場合に指数法則

が成り立つとすれば、0+3=3 だから、右辺は 3^3 です。式で書くと、$3^0 \times 3^3 = 3^3$ となります。そこで両辺を $3^3 (=27)$ で割ると、$3^0 = 1$ となります。

したがって、3^0 は1です。これは、かける数 n が何であっても同じように考えることができます。例えば、5^0 も 10^0 も、34567^0 もみんな1です。

② s が負の整数の場合

例えば、10^{-3} と、10^3 をかけ合わせてみましょう。この場合にも指数法則が成り立っていれば指数の部分は $(-3)+3=0$ だから、$10^{-3} \times 10^3 = 10^0$ となります。$10^0 = 1$ なので、$10^{-3} \times 10^3 = 1$ となり、$10^{-3} = \dfrac{1}{10^3}$ となるはずです。$10^3 = 10 \times 10 \times 10 = 1000$ なので、10^{-3} は $\dfrac{1}{1000}$、小数で書くと0.001ということになります。これから、s が負の整数の時、$n^s = \dfrac{1}{n^{-s}}$ がわかります。この時 $-s$ は正の整数ですから、n^{-s} は、すでにどう考えればいいかわかりますよね。

③ s が分数の場合

例えば、$3^{1/2}$ に対し、$(3^{1/2})^2 = 3^{1/2} \times 3^{1/2}$ ですが、この場合にも指数法則が成り立っていれば $3^{1/2} \times 3^{1/2} = 3^{\left(\frac{1}{2}+\frac{1}{2}\right)}$ となり $\dfrac{1}{2} + \dfrac{1}{2} = 1$ なので、$(3^{1/2})^2 = 3^{\left(\frac{1}{2}+\frac{1}{2}\right)} = 3^1 = 3$ となります。そこで、$3^{1/2}$ は、2乗すると3になる3の平方根 $\sqrt{3}$ を表すことがわかります。正負どちらを取るべきか悩みま

すが、例えば $3^{1/3}$ を同様に考えると3の立方根 $\sqrt[3]{3}$ を表すことがわかります。これは正のものしかありませんから、$3^{1/2}$ も正の方をとります。

同じように、例えば、$5^{1/7}$ は、5の7乗根（7乗すると5になる数、と言われてもいくつだかすぐにはわかりませんが）を表しています。そして、$5^{3/7}$ は、5の7乗根の3乗を表しています。

こうして、s を有理数として、3^s や 5^s を考えることができます。そして、これらの数に対して、指数法則 (2.5) が成り立ちます。

④ s が無理数の場合

では、s が無理数、例えば $\sqrt{2}$ の時はどう考えるのでしょうか。

一つの方法は、$\sqrt{2}$ にどんどん近似していく有理数の列（これは、$\sqrt{2}$ に**収束**する有理数の列と呼ばれます）、例えば、1, 1.4, 1.41, 1.414, 1.4142, … を使って、3^1, $3^{1.4}$, $3^{1.41}$, $3^{1.414}$, $3^{1.4142}$, … の行きつく先の数（これは、収束先と呼ばれます）とすることが考えられます。しかし、この方法では、$\sqrt{2}$ に収束する有理数の列はいくらでもありますから、それら全てに対して同じ値に収束することを確かめる必要があります。

そこで、s が一般の実数の時、n^s を、**指数関数** $y = \exp x$ とその逆関数の **（自然）対数関数** $x = \log y$ を使って、次の式で考えます。$\exp x$ と $\log y$ については以下で説明します。

$$n^s = \exp(s \log n) \tag{2.6}$$

なお、自然数 n に限らず、どのような正の実数 x に対しても $x^s = \exp(s \log x)$ と考えることができます。

■指数関数

指数関数 $\exp x$ は、実数 x に対し

$$\exp x = 1 + x + \frac{x^2}{2} + \frac{x^3}{3 \cdot 2} + \frac{x^4}{4 \cdot 3 \cdot 2} + \cdots \\ + \frac{x^k}{k(k-1)(k-2)\cdots 2 \cdot 1} + \cdots = \sum_{k=0}^{\infty} \frac{x^k}{k!} \tag{2.7}$$

で計算される数を対応させる関数です。上の式は、$\exp x$ の**テイラー展開**と呼ばれる式です。最後の総和記号 Σ の中の分母にある $k!$ は、自然数 k の**階乗**と呼ばれ、1 から k までの全ての自然数をかけ合わせた数を表しています。つまり、$k! = 1 \cdot 2 \cdots (k-2)(k-1)k$ です。そして、約束として $0! = 1$ と決めて $k = 0$ の時も使います。

実数 x に対して指数関数 $\exp x$ の値を計算するのは見るからに難しそうですが、全ての x に対し、$\exp x$ の値は正となることがわかります。

さらに、指数法則

$$\exp(x + y) = \exp x \cdot \exp y$$

が成り立つことも、次の囲みの中のとおり確かめられます。

$$\exp(x+y)$$
$$= 1 + (x+y) + \frac{(x+y)^2}{2} + \frac{(x+y)^3}{3\cdot 2} + \frac{(x+y)^4}{4\cdot 3\cdot 2} + \cdots$$
$$+ \frac{(x+y)^k}{k(k-1)(k-2)\cdots 2\cdot 1} + \cdots$$
$$= \sum_{k=0}^{\infty} \frac{(x+y)^k}{k!} \qquad (2.7a)$$

が、

$$\exp x = 1 + x + \frac{x^2}{2} + \frac{x^3}{3\cdot 2} + \frac{x^4}{4\cdot 3\cdot 2} + \cdots$$
$$+ \frac{x^k}{k(k-1)(k-2)\cdots 2\cdot 1} + \cdots = \sum_{k=0}^{\infty} \frac{x^k}{k!} \qquad (2.7b)$$

と

$$\exp y = 1 + y + \frac{y^2}{2} + \frac{y^3}{3\cdot 2} + \frac{y^4}{4\cdot 3\cdot 2} + \cdots$$
$$+ \frac{y^k}{k(k-1)(k-2)\cdots 2\cdot 1} + \cdots = \sum_{k=0}^{\infty} \frac{y^k}{k!} \qquad (2.7c)$$

の積に等しいことを調べるために、$\exp(x+y)$ と $\exp x \cdot \exp y$ の各項を、x と y の次数の合計の次数について順に調べていきます。

まず、0次の項、すなわち定数項は、$\exp(x+y)$ は (2.7a) 式より 1 です。一方、$\exp x$ と $\exp y$ についてもそれぞれ (2.7b) 式と (2.7c) 式から定数項は 1 ですから、$\exp x \cdot \exp y$ の定数項も 1 です。これで、$\exp(x+y)$ と $\exp x \cdot \exp y$ の 0 次の項は等しいことが

わかりました。

次に、1次の項を見ていくと、$\exp(x+y)$ は $(x+y)$ です。一方、$\exp x \cdot \exp y$ の1次の項は、($\exp x$ の0次の項)×($\exp y$ の1次の項)と、($\exp x$ の1次の項)×($\exp y$ の0次の項)の和ですから、$1 \cdot y + x \cdot 1 = (x+y)$ となります。これで、$\exp(x+y)$ と $\exp x \cdot \exp y$ の1次の項も等しいことがわかります。

2次の項は、$\exp(x+y)$ が $\dfrac{(x+y)^2}{2}$、$\exp x \cdot \exp y$ が $\dfrac{y^2}{2} + xy + \dfrac{x^2}{2}$ ですが、

$$\frac{(x+y)^2}{2} = \frac{x^2 + 2xy + y^2}{2} = \frac{y^2}{2} + xy + \frac{x^2}{2}$$

なので、$\exp(x+y)$ と $\exp x \cdot \exp y$ の2次の項も等しいことがわかります。

ここで、一気に n 次の項を見ると、$\exp(x+y)$ が $\dfrac{(x+y)^n}{n!}$、$\exp x \cdot \exp y$ が

$$\frac{y^n}{n!} + \frac{y^{n-1}}{(n-1)!} \cdot \frac{x}{1} + \frac{y^{n-2}}{(n-2)!} \cdot \frac{x^2}{2!} + \cdots + \frac{y^{n-k}}{(n-k)!} \cdot \frac{x^k}{k!}$$

$$+ \cdots + \frac{y^2}{2!} \cdot \frac{x^{n-2}}{(n-2)!} + \frac{y^1}{1} \cdot \frac{x^{n-1}}{(n-1)!} + \frac{x^n}{n!} \quad (2.7\text{d})$$

です。したがって、$(x+y)^n$ を展開した時の $x^k \cdot y^{n-k}$ の係数が $\dfrac{n!}{k! \cdot (n-k)!}$ であれば、$\dfrac{(x+y)^n}{n!}$ と (2.7d) 式が等しいことがわかるので、$\exp(x+y)$

と $\exp x \cdot \exp y$ の n 次の項が等しいことがわかります。

$(x+y)^n$ を展開した時の $x^k \cdot y^{n-k}$ の係数は、n 個から k 個をとる組み合わせの数で、それは、記号で表すと $\binom{n}{k}$ あるいは ${}_nC_k$ と書かれ、そして、それはパスカルの三角形の上から n 段目の右から k 個目の数ですが、それは、$\dfrac{n!}{k! \cdot (n-k)!}$ に他なりません。これは、**二項定理**と呼ばれます。

このようにして、$\exp(x+y)$ と $\exp x \cdot \exp y$ の全ての n 次の項が等しいことがわかり、$\exp(x+y)$ と $\exp x \cdot \exp y$ が等しいことがわかります。

なお、指数関数 $f(x) = \exp x$ が、微分方程式

$$\frac{d}{dx} f(x) = f(x)$$

で、初期条件 $f(0) = 1$ を満たす、唯一の解であることからも指数法則が成り立つことがわかります。

■**自然対数**

指数関数 $y = \exp x$ の逆関数が、**自然対数**と呼ばれる関数で、記号で $x = \log y$ と書かれます。

指数関数に逆関数を考えることができるということを確認しておきましょう。逆関数を考えることができるためには、異なる x については、$\exp x$ の値は異なっていなくてはなりません。実は、(2.7) 式で計算される指数関

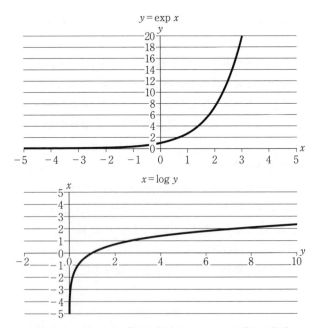

図2.1　$y = \exp x$ のグラフ（上）と $x = \log y$ のグラフ（下）

数 $\exp x$ の値は、$x_1 < x_2$ なら、$\exp x_1 < \exp x_2$ となることがわかります。したがって、異なる x については、$\exp x$ の値は異なるので、y を正の実数とすると、$y = \exp x$ となる x をひとつだけ見つけてくることができます。そこで、y にそのような x を対応させる関数を考えることができます。これが、$y = \exp x$ の逆関数です。

この関数、自然対数 $\log$ についても、$y_1 < y_2$ なら、$\log y_1 < \log y_2$ となることがわかります。$y = \exp x$ と $x = \log y$ のグラフを図2.1に掲げておきましょう。$y = \exp x$ の

グラフを x の負の方向から見ると $x = \log y$ のグラフになります。

■積の対数は、対数の和

指数関数と自然対数は互いに逆関数ですから、$\log(\exp x) = x$ で、$\exp(\log y) = y$ となることがわかります。

また、指数関数の指数法則から、積の対数 $(\log(u \cdot v))$ は、対数の和 $(\log u + \log v)$ となることが、以下のとおりわかります。

指数関数の指数法則

$$\exp(x + y) = \exp x \cdot \exp y$$

で、$x = \log u$、$y = \log v$ とすると、

$$\exp(\log u + \log v) = \exp(\log u) \cdot \exp(\log v) = u \cdot v$$

が成り立ちます。そして、この両辺の対数をとる（正確には、関数 log での値をとるというべきですが）と、

$$\log(\exp(\log u + \log v)) = \log(u \cdot v)$$

ですが、左辺 $= \log u + \log v$ なので、

$$\log u + \log v = \log(u \cdot v)$$

が成り立ちます。

■**自然対数の底**

実は、指数関数 $\exp x$ は、次の式で定まる数 e の「x 乗」e^x と思うこともできます。

$$e = \lim_{n \to \infty}\left(1 + \frac{1}{n}\right)^n \tag{2.8}$$

これは、n を自然数として 1, 2, 3, … とどんどん大きくしていった時の、$\left(1+\frac{1}{n}\right)^n$ の行き着く先です。どんな数に行きつくかを調べるために、はじめのいくつかの値を調べてみましょう。

$$n = 1 \ ; \ \left(1 + \frac{1}{1}\right)^1 = 2$$

$$n = 2 \ ; \ \left(1 + \frac{1}{2}\right)^2 = 2.25$$

$$n = 3 \ ; \ \left(1 + \frac{1}{3}\right)^3 = 2.3703\cdots$$

…

$$n = 10 ; \left(1 + \frac{1}{10}\right)^{10} = 2.59374\cdots$$

…

$$n = 100 \ ; \ \left(1 + \frac{1}{100}\right)^{100} = 2.70481\cdots$$

…

となります。実は、$e = 2.71828\cdots$ であることが知られています。この数 e は**ネピア数**と呼ばれます。ネピア(1550〜1617)は、スコットランドの数学者です。この数を

e で表すことは、オイラーからゴールドバッハへの手紙（1731年）に始まります。また、「**自然対数の底**」と呼ばれることもあります。自然対数とは、指数関数 $\exp x$ の逆関数のことでしたが、$\exp x$ は、e^x でもありますから、e を底とする対数が自然対数に他ならないので、e はこのように呼ばれるのです。

ネピアの対数の論文
akg-image/PPS通信社

なお、e は、無理数です。また、次の形の方程式（代数方程式）の解とはならないことが知られています。このような数は、**超越数**と呼ばれます。

$$x^n + a_1 x^{n-1} + a_2 x^{n-2} + \cdots + a_{n-1} x + a_n = 0$$

ただし、方程式の係数 $a_1, a_2, \cdots, a_{n-1}, a_n$ は、全て有理数で、n は自然数です。これらのあらゆる組み合わせに対して、$x = e$ は解とはならないのです。このことは、エルミート（1822〜1901、フランス）によって1873年に証明されました。

■結局、n^s とは

以上で、自然数 n と、実数 s に対し、n^s が何を表して

いるかがわかりました。

$$n^s = \exp(s \log n)$$
$$= 1 + (s \log n) + \frac{(s \log n)^2}{2} + \frac{(s \log n)^3}{3 \cdot 2} + \cdots$$
$$+ \frac{(s \log n)^k}{k(k-1)(k-2)\cdots 2 \cdot 1} + \cdots = \sum_{k=0}^{\infty} \frac{(s \log n)^k}{k!}$$

で、これはネピア数 e の $s \log n$ 乗 $e^{s \log n}$ と考えることもできます。

もちろん、s が自然数 1, 2, 3, … の場合には、n^s は、n, n の 2 乗, n の 3 乗, … です。

2.2 オイラー積

さて、いよいよ本書で登場するいくつかの有名な数式のうちの、最初のものを説明するチャンスがやってきました。この数式があったから本書の物語が始まったと言えるものです。この世でこれまでに知られている数ある数式のうちでも、最も有名なものかもしれませんから、目にしたことのある読者もいることでしょう。

オイラーの発見したこの式は、$\sum_{n=1}^{\infty} \frac{1}{n^s}$ の値を別の式でも表せることを示しています。$\sum_{n=1}^{\infty} \frac{1}{n^s}$ では全ての自然数についての和が登場しましたが、この式では全ての素数についての積が登場します。これは、後に**オイラー積**と呼ばれることになる、以下の式です。

$$\sum_{n=1}^{\infty}\frac{1}{n^s} = \prod_{p:\text{素数}}\left(1-\frac{1}{p^s}\right)^{-1} \quad (s>1) \tag{2.9}$$

ただし、(2.9) 式の右辺も左辺も、$s>1$ の時しか意味がないので、等式もその時にしか成り立たないという意味で、式の後のカッコの中に $s>1$ と書き添えています。

(2.9) 式の右辺の $\prod_{p:\text{素数}}\left(1-\frac{1}{p^s}\right)^{-1}$ は、素数 p に対する

$$\left(1-\frac{1}{p^s}\right)^{-1} = \frac{1}{1-\frac{1}{p^s}} = \frac{1}{1-p^{-s}}$$

を、p に 2, 3, 5, 7, 11,… と素数を小さい方から次々に代入しながらかけ合わせていった、その収束先の数を表しています。これは、$s>1$ に対しては有限の値になることが知られています。

以下では、この $\prod_{p:\text{素数}}\left(1-\frac{1}{p^s}\right)^{-1}$ が、$\sum_{n=1}^{\infty}\frac{1}{n^s}$ に等しいという等式 (2.9) を説明しましょう。

■不思議な因数分解

オイラー積 (2.9) を理解する鍵は、因数分解の公式

$$x^2 - 1 = (x-1)(x+1)$$

にあります。この式は、最も基本的な因数分解の公式の一つです。しかし、その不思議さではどんな式にもまさると

私には思えます。そんな因数分解の公式に、等式 (2.9) を解明する鍵が秘められているのです。

この因数分解の式は、次のようにして、仲間をどんどん考えることができます。

$$x^3 - 1 = (x-1)(x^2 + x + 1),$$
$$x^4 - 1 = (x-1)(x^3 + x^2 + x + 1),$$
$$\cdots$$

これらの式が成り立つ仕組みは以下のとおりです。

例えば、$x^3 - 1 = (x-1)(x^2 + x + 1)$ の場合だと、右辺のかっこを外すと、

$$(x-1)(x^2 + x + 1) = x(x^2 + x + 1) - (x^2 + x + 1)$$
$$= x^3 + x^2 + x - x^2 - x - 1$$

となって、真ん中の x^2、x が打ち消しあって、x^3 と -1 しか残らないわけです。

不思議な感覚にとらわれませんか。

このからくりは指数を自然数 1, 2, 3, … としても通用するので、結局、

$$x^n - 1 = (x-1)(x^{n-1} + x^{n-2} + \cdots + x + 1) \quad (n = 1, 2, 3, \cdots)$$
(2.10)

となることがわかります。

さて、以下の話のために、この $x^n - 1$ の因数分解の式 (2.10) の右辺と左辺を入れ替えて、次のとおり書き直しておきましょう。右辺（=以下の左辺）の第2因数の中の

各項の順番も逆にしておきます。

$$(x-1)(1+x+\cdots+x^{n-2}+x^{n-1})=x^n-1$$

次に、両辺に (-1) をかけると、

$$(1-x)(1+x+\cdots+x^{n-2}+x^{n-1})=1-x^n$$

となり、さらに、両辺を $1-x$ で割ると、以下のとおりになります。

$$1+x+\cdots+x^{n-2}+x^{n-1}=\frac{1-x^n}{1-x} \tag{2.11}$$

この式は、$x \neq 1$ である限り意味を持っています。

さらに、ここで、x が1より小さい正の数だったら、n が大きくなるにつれて x^n はどんどん0に近づいていきます。例えば、x が $\frac{1}{2}$ の時、$\left(\frac{1}{2}\right)^n$ は、どんどん半分になっていくので、どんどん0に近づいていきます。

ですから、(2.11) 式の左辺でどこまでも足していくことにして、n をどんどん大きくした極限を考えると、以下のとおりとなります。

$$1+x+\cdots+x^n+\cdots=\sum_{n=0}^{\infty} x^n = \frac{1}{1-x} \tag{2.12}$$

これで準備が整いました。

■約数となる素数が2だけの数の逆数を全部足す

上の (2.12) 式で、$x=\frac{1}{2}$ とすれば、$1+\frac{1}{2}+\left(\frac{1}{2}\right)^2+\cdots+$

$\left(\frac{1}{2}\right)^n + \cdots = \dfrac{1}{1-\left(\frac{1}{2}\right)}$ となります。この式の左辺は、「約数となる素数が2だけの数の、逆数全部の和」を表しています。というのも、ある数 a を素因数分解した時、登場する素数が2だけなら、$a = 2^n$ と書けるはずです。だから、a の逆数 $\dfrac{1}{a} = \left(\dfrac{1}{2}\right)^n$ となります。上の式の左辺は、そのような数全部の和になっていますよね。

■約数となる素数が2か3だけの数の逆数を全部足す

逆数の和を取る範囲を、2のほかにも約数となる素数があるような数に広げるにはどうしたらよいでしょうか。例えば、「約数となる素数が2か3だけの数の、逆数全部の和」を考えると、以下の式を考えればよいことがわかります。

$$\left\{1 + \frac{1}{2} + \left(\frac{1}{2}\right)^2 + \cdots + \left(\frac{1}{2}\right)^n + \cdots\right\} \times \left\{1 + \frac{1}{3} + \left(\frac{1}{3}\right)^2 + \cdots + \left(\frac{1}{3}\right)^n + \cdots\right\} \tag{2.13}$$

「約数となる素数が2か3だけの数」の例として12があげられます。$12 = 4 \times 3 = 2 \times 2 \times 3 = 2^2 \times 3$ と素因数分解できるからです。その逆数は $\dfrac{1}{12} = \dfrac{1}{2^2 \times 3} = \dfrac{1}{2^2} \times \dfrac{1}{3} = \left(\dfrac{1}{2}\right)^2 \times \dfrac{1}{3}$ となります。これは、(2.13) 式の最初のかっこから $\left(\dfrac{1}{2}\right)^2 \left(= \dfrac{1}{4}\right)$ を、2番目のかっこから $\dfrac{1}{3}$ を選んで

かけ合わせたものです。

「約数となる素数が2か3だけの数」は、一般に $2^n \times 3^m$ と素因数分解できます。その逆数は、$\frac{1}{2^n \times 3^m} = \frac{1}{2^n} \times \frac{1}{3^m} = \left(\frac{1}{2}\right)^n \times \left(\frac{1}{3}\right)^m$ となるので、(2.13) 式の最初のかっこから $\left(\frac{1}{2}\right)^n$ を、2番目のかっこから $\left(\frac{1}{3}\right)^m$ を選んでかけ合わせたものになっています。

そして、$1 + \frac{1}{2} + \left(\frac{1}{2}\right)^2 + \cdots + \left(\frac{1}{2}\right)^n + \cdots = \frac{1}{1-\frac{1}{2}}$ となったのと同様に、$1 + \frac{1}{3} + \left(\frac{1}{3}\right)^2 + \cdots + \left(\frac{1}{3}\right)^n + \cdots = \frac{1}{1-\frac{1}{3}}$ となるので、結局、約数となる素数が2か3だけの数の、逆数全部の和 = (2.13)式 = $\frac{1}{1-\frac{1}{2}} \times \frac{1}{1-\frac{1}{3}}$ となることがわかります。

■オイラー積登場！

そのようなわけで、一気に、全部の素数 p について $\frac{1}{1-\frac{1}{p}}$ をかけ合わせた

$$\frac{1}{1-\frac{1}{2}} \times \frac{1}{1-\frac{1}{3}} \times \frac{1}{1-\frac{1}{5}} \times \cdots \times \frac{1}{1-\frac{1}{p}} \times \cdots$$

を考えると、それは、「全ての自然数の、逆数全部の和」に等しいはずです。逆数を考える数の約数には、どんな素数が出てきても良いから、結局、どんな自然数でも良いことになるからです。

つまり、n を全ての自然数、p を全ての素数として

$$1+\frac{1}{2}+\frac{1}{3}+\cdots+\frac{1}{n}+\cdots=\frac{1}{1-\frac{1}{2}}\times\frac{1}{1-\frac{1}{3}}\times\frac{1}{1-\frac{1}{5}}\times\cdots$$

$$\times\frac{1}{1-\frac{1}{p}}\times\cdots$$

となるわけです。これまでに登場した記号を使うと、以下のとおりに書けます。

$$\sum_{n=1}^{\infty}\frac{1}{n}=\prod_{p:素数}\left(1-\frac{1}{p}\right)^{-1} \tag{2.14}$$

■オイラー積の正しい説明

ところが、実は、(2.14) 式は正しくありません。前節で説明したとおり、

$$\sum_{n=1}^{\infty}\frac{1}{n}=\frac{1}{1}+\frac{1}{2}+\frac{1}{3}+\cdots$$

の値は無限大になってしまうからです。(2.9) 式のところで書き添えたように、「正しくない」というより「意味がない」というのが正確です。

意味があるようにするには、これまでの 2, 3, 4, …,

第2章 オイラー積とは

n や p を、1より大きい数 s を用いた 2^s, 3^s, 4^s, …, n^s や p^s に代えておく必要があります。この時、n^s や p^s は、n や p より大きくなります。s が1よりほんのちょっとだけ大きいなら良いのです。そして、$(xy)^s = x^s \cdot y^s$ が成り立つことから、これまでの議論はそのまま通用します。その結果、次のオイラー積 (2.9) が成り立つことがわかるわけです。

$$\sum_{n=1}^{\infty} \frac{1}{n^s} = \prod_{p: 素数} \left(1 - \frac{1}{p^s}\right)^{-1} \quad (s>1) \quad (2.9再掲)$$

なお、$(xy)^s = x^s \cdot y^s$ が、s が自然数の場合に限らず、一般の実数の場合にも正しいことは、指数法則からわかります。詳しくは下の囲みの中で説明しましょう。

自然数とは限らない一般の s については、x^s や y^s は指数関数 exp と自然対数 log を用いて、$x^s = \exp(s \log x)$, $y^s = \exp(s \log y)$ と考えることを使います。

同様に、$(xy)^s = \exp(s \log(xy))$ となりますが、対数関数 log に対しては前節で説明したとおり $\log(u \cdot v) = \log u + \log v$ が成り立ちますから、

$$(xy)^s = \exp(s \log(xy))$$
$$= \exp(s \log x + s \log y)$$

となります。そして、指数関数 exp に対しては、指数法則 $\exp(u+v) = (\exp u) \cdot (\exp v)$ が成り立ちますから、$u = s(\log x)$, $v = s(\log y)$ とすれば、

$$\exp(s\log x + s\log y) = \exp(s\log x)\cdot\exp(s\log y)$$

が成り立つことがわかりますが、この右辺は $x^s\cdot y^s$ に他なりません。

さて、この $\sum_{n=1}^{\infty}\dfrac{1}{n^s}$ がオイラー積でも表せること((2.9)式)がもととなって、素数の出現の様子を表す関数 $\pi(x)$ の式を求める研究にリーマンは進んでいきます。いよいよ第3章から、リーマンの研究について説明が始まります。

第3章 リーマンのゼータ関数とは

　第1章で説明したとおり、リーマンは、素数の出現の様子を表す関数 $\pi(x)$ の式を求めることを目標としていて、そして $\pi(x)$ は、前章で説明した自然数の累乗の逆数の和 $\sum_{n=1}^{\infty}\frac{1}{n^s}$ と深い関係にあるのでした。その関係は、オイラー積

$$\sum_{n=1}^{\infty}\frac{1}{n^s} = \prod_{p:\text{素数}}\frac{1}{1-\frac{1}{p^s}}$$

に隠されていたことを説明しました。

　そして、$\pi(x)$ と $\sum_{n=1}^{\infty}\frac{1}{n^s}$ の関係を利用して $\pi(x)$ の式を求めようとすると、$\sum_{n=1}^{\infty}\frac{1}{n^s}$ の複素関数版が必要になってくるのですが、$\sum_{n=1}^{\infty}\frac{1}{n^s}$ のままでは、全ての複素数について意味を持つわけではありません。例えば、s が1以下

の実数の場合は意味を持たないことは前章で説明した通りです。

リーマンは、この $\sum_{n=1}^{\infty} \frac{1}{n^s}$ の正しい複素関数版を見出すことに成功したのです。彼は、複素数 s の関数で、s が 1 より大きい実数の場合は、$\sum_{n=1}^{\infty} \frac{1}{n^s}$ の値に等しい関数を発見しました。リーマンはこの関数を、ギリシャ文字の ζ（ゼータ）を使って $\zeta(s)$ と書き表したので、現在では、**リーマンのゼータ関数**と呼ばれています。$\cos x$ や $\sin x$ といっしょで、通常、$\zeta(s)$ と書けばこのリーマンの考えた関数を指します。リーマンは、$\sum_{n=1}^{\infty} \frac{1}{n^s}$ を s が 1 より大きい実数から複素数全体に拡張したのです。

この章では、リーマンがどのようにゼータ関数 $\zeta(s)$ を考えたのかを説明しましょう。

3.1　複素関数とは

複素数の関数を、簡単に**複素関数**と呼ぶことにします。複素関数とは、複素変数に、別の複素数を対応させる関数です。

複素数とは、例えば $1.68 + 3.14i$ のように、2 個の実数 a、b を使って $a + bi$ と表される数のことです。i は、$\sqrt{-1}$ すなわち -1 の平方根を表しています。$i^2 = -1$ というわけです。どんな 0 でない実数も 2 乗すると正の数になるので、2 乗して -1 になる数は実数ではありえませ

ん。それでも、そのような数を考えて、それを特別な記号 i で表しているのです。i は、「想像上の」という意味の英語 imaginary の頭文字です。一般的に、i は虚数単位と呼ばれます。

一方、複素数は、英語では、complex number と呼ばれます。「複雑な」数というわけです。

■複素数の四則演算

複素数同士は、以下の囲みの中にまとめるとおり、四則演算ができます。

・加法(たし算)と減法(ひき算)

i は実数ではないので、文字だと考え、文字式と同じに計算します。つまり、

$$(a+bi)+(c+di)=a+bi+c+di=(a+c)+(b+d)i$$
$$(a+bi)-(c+di)=a+bi-c-di=(a-c)+(b-d)i$$

です。

・乗法(かけ算)

これも、i を文字だと考え、文字式と同じに計算します。ただし、i^2 が出てきたら、-1 に置き換えます。つまり、

$$(a+bi)(c+di)=ac+adi+bci+bdi^2$$
$$=ac+(ad+bc)i-bd=(ac-bd)+(ad+bc)i$$

です。

・除法（わり算）

複素数の逆数もまた複素数の形に書くことができることを確かめておけば、複素数の除法は、乗法となります。

複素数の逆数は $\dfrac{1}{a+b\sqrt{2}}$ などと同様に考えて、以下のとおり分母を実数に変えます。

$$\frac{1}{a+bi} = \frac{a-bi}{(a+bi)(a-bi)} = \frac{a-bi}{a^2-b^2i^2} = \frac{a-bi}{a^2+b^2}$$

$$= \frac{a}{a^2+b^2} - \frac{b}{a^2+b^2}i$$

これで、複素数の逆数も複素数になりました。

■代数学の基本定理

$a+bi$ で、もし $b=0$ なら実数を表します。したがって、実数はみんな複素数です。複素数は実数の世界にたった一つ i を付け加えただけですが、このことが数の世界を劇的に変化させます。

上で見たとおり、複素数は四則演算ができるので、例えば、

$$x^2+1=0 \tag{3.1}$$

のような 未知数の多項式＝0 の形の方程式（**代数方程式**と呼ばれます）を考えることができます。方程式 (3.1) には、実数の範囲では解はありませんが、複素数の中では $x=i$ が解の一つです。つまり、実数の範囲では解のない代数方程式も複素数の中では解を持つ可能性があるのですが、実は、全ての代数方程式が、複素数の中では解を持つのです。実数の世界にたった一つ i を付け加えただけで、このようなことになるのです。この事実は、**代数学の基本定理**と呼ばれています。基本定理と名のついているとおり、重要で著しい事実なのです。

■複素平面

複素数 $a+bi$ を、図3.1のように座標平面上の点 (a, b) に対応させると便利です。この時、a を複素数 $z=a+bi$ の**実部**と呼び $a=\mathrm{Re}\,z$ と表します。Re は、real の頭の2文字です。また、b を z の**虚部**と呼び、$b=\mathrm{Im}\,z$ と表します。Im は、imaginary の頭の2文字です。原点を通る横軸を実軸、縦軸を虚軸と呼びます。

このように、その各点に複素数が対応していると考えた平面は、**複素平面**と呼ばれます。また、17世紀から18世紀にかけて今のドイツで活躍した大数学者ガウス（1777〜1855）にちなんで、ガウス平面と呼ばれることもあります。ガウスは、複素平面を1811年頃に使い始めたとされますが、それ以前にも使用した人がいたことが知られています。

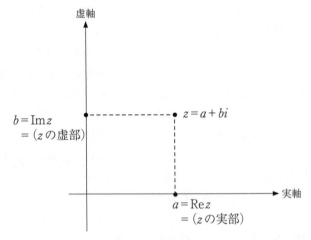

図3.1 複素平面

ガウスは、複素数が一般に認知される以前から、自在に使いこなして自身の研究を行っていましたが、複素数の使用を公に認めたのは、ずっと後のことです。

複素平面の考え方を使うと、例えば、平面上の図形の問題を、複素数の計算を使って考えることができます。すると、三角形や円の性質も、幾何学的な普通の証明の代わりに、計算で示すことができます。そして、証明に悩んでしまうような問題も、計算だとわりと機械的に解くことができる場合がよくあり、とても簡単になることがあります。

3.2 リーマンのゼータ関数

さて、リーマンが考えたゼータ関数 $\zeta(s)$ がどんなもの

か紹介しましょう。彼は、$\sum_{n=1}^{\infty} \frac{1}{n^s}$ と全く似ても似つきませんが、次の式でゼータ関数 $\zeta(s)$ を考えました[1]。

$$\zeta(s) = \frac{\int_C \frac{z^{s-1}}{e^z-1} dz}{(e^{2\pi i s}-1)\Gamma(s)} \tag{3.2}$$

(3.2) 式の右辺の中身は以下で順に説明します。まずは、$\zeta(s)$ が比較的短い式で表されることを理解してください。なお、複素数は通常 z の文字を使って表すのですが、リーマンのゼータ関数に限っては、習慣的に変数の複素数を s で表します。

■ゼータ関数の成分①：指数関数 e^z

まず、(3.2) 式の右辺の分母に登場する $e^{2\pi i s}$ ですが、複素変数 z の指数関数 e^z の z のところに $2\pi i s$ を代入したものです。すると、$e^{2\pi i s}$ は複素変数 s の関数です。e^z は、(3.2) 式の右辺の分子の被積分関数 $\frac{z^{s-1}}{e^z-1}$ の分母にも登場しています。

第2章では実数 x の指数関数 e^x のテイラー展開 (2.7) を紹介しましたが、同じ式で実数 x のところを複素数 z に変えたものが、複素変数の指数関数 e^z です。

指数関数については、有名な**オイラーの公式**

$$e^{i\theta} = \cos\theta + i\cdot\sin\theta \tag{3.3}$$

---

[1] 説明しやすいようにリーマンの論文に出てくるものを変形しています。

が成り立ちます。ただし、θ は実数です。この式は、複素平面の上の単位円（原点を中心とする半径1の円）上の複素数が $e^{i\theta}$ と表されることを示す式です。オイラーの公式が成り立つことは、以下のようにしてわかります。

指数関数のテイラー展開から

$$e^{i\theta} = 1 + i\theta + \frac{(i\theta)^2}{2} + \frac{(i\theta)^3}{3\cdot 2} + \frac{(i\theta)^4}{4\cdot 3\cdot 2} + \cdots$$

$$+ \frac{(i\theta)^k}{k(k-1)(k-2)\cdots 2\cdot 1} + \cdots \quad (3.4)$$

がわかりますが、$i^2 = -1$ だから $i^3 = i^2 \cdot i = (-1)i = -i$、$i^4 = i^3 \cdot i = (-i)i = -i^2 = -(-1) = 1$ となり、この先は $i^5 = i^4 \cdot i = 1 \cdot i = i$ などと繰り返しになることを使うと、(3.4) 式の右辺は、

$$1 + i\theta - \frac{\theta^2}{2} - \frac{i\theta^3}{3\cdot 2} + \frac{\theta^4}{4\cdot 3\cdot 2} + \cdots$$

$$+ \frac{(i\theta)^k}{k(k-1)(k-2)\cdots 2\cdot 1} + \cdots$$

となります。これを見ると、1項おきに実数と純虚数（実数×i）が登場します。実数の項だけ集めると、それは、k が偶数の項の和で、

$$1 - \frac{\theta^2}{2} + \frac{\theta^4}{4\cdot 3\cdot 2} - \cdots + \frac{(-1)^m \theta^{2m}}{2m(2m-1)(2m-2)\cdots 2\cdot 1} + \cdots \quad (3.5)$$

となります。ただし、一般の偶数を $2m(m=0, 1, 2, \cdots)$ で表しました。

この (3.5) 式は、実は、実数の余弦関数 $\cos x$ のテイラー展開

$$\cos x = 1 - \frac{x^2}{2} + \frac{x^4}{4\cdot 3\cdot 2} + \cdots$$

$$+ \frac{(-1)^m x^{2m}}{2m(2m-1)(2m-2)\cdots 2\cdot 1} + \cdots$$

$$= \sum_{m=0}^{\infty} \frac{(-1)^m x^{2m}}{(2m)!} \quad (\text{と書く})$$

で x に θ を代入したものに他なりません。つまり、$e^{i\theta}$ の実部は $\cos\theta$ なのです。

ただし、(3.5) 式の $\cos x$ では、角度はラジアンを単位として表されています。また、2π ごとに同じ値を取る一般角の関数として、全ての実数 x に対して、$\cos x$ を考えています。

また、i のかかった項の係数を集めると、

$$\theta - \frac{\theta^3}{3\cdot 2} + \cdots + \frac{(-1)^n \theta^{2n+1}}{(2n+1)(2n)(2n-1)\cdots 2\cdot 1} + \cdots$$

(3.6)

となります。ただし、一般の奇数を $2n+1$ $(n=0, 1, 2, \cdots)$ で表しました。

この (3.6) 式は、実は、実数の正弦関数 $\sin x$ のテ

イラー展開

$$\sin x = x - \frac{x^3}{3\cdot 2} + \cdots$$
$$+ \frac{(-1)^n x^{2n+1}}{(2n+1)(2n)(2n-1)\cdots 2\cdot 1} + \cdots$$
$$= \sum_{n=0}^{\infty} \frac{(-1)^n x^{2n+1}}{(2n+1)!} \quad (と書く)$$

で x に θ を代入したものに他なりません。つまり、$e^{i\theta}$ の虚部は $i\cdot \sin\theta$ なのです。

したがって、オイラーの公式 (3.3) 式

$$e^{i\theta} = \cos\theta + i\cdot \sin\theta$$

が成り立ちます。

■ゼータ関数の成分②：$\Gamma(s)$

分母の $\Gamma(s)$ は、その名も高い**ガンマ関数**です。Γ が、ガンマと読まれるギリシャ文字の大文字なので、そのままの名前です。その点ではゼータ関数 $\zeta(s)$ といい勝負ですが、ゼータ関数が数学の永遠のヒーローとすれば、ガンマ関数の方は、重要な場面で登場する名脇役と言ったところでしょうか。その活躍ぶりは、ガンマ関数自体を主役にした本が何冊も書かれているほどです。

ガンマ関数は、オイラーがすでに1730年頃に考察していましたが、ルジャンドルによって1809年に、$\Gamma(s)$ という記号で表され、以降、ガンマ関数と呼ばれることになりま

した。

　前置きが長くなりました。$\Gamma(s)$ とは、一言でいえば、階乗です。ふつう階乗というと、自然数 n に対して、1から n まで、$1 \times 2 \times 3 \times \cdots \times n$ とかけ合わせた数を意味し、記号 $n!$ で表されます。これが、実は $\Gamma(n+1)$ に等しいのです。一つだけずれている点は注意が必要です。

　そして、$\Gamma(s)$ は、全ての複素数について考えることができます。その値は決して0になりません。ただし、s が0以下の整数、0，-1，-2，… の場合は値を考えることができません。このような点 s は、$\Gamma(s)$ の特異点と呼ばれます。

　$\Gamma(s)$ については、以上を憶えておけば以下を読むのに基本的には困らないはずです。でも、自然数についてしか考えられない階乗を、いったいどのようにすればどんな複素数についても考えることができるのか知りたくありませんか。この話を知った時、私はとてもびっくりすると同時にたいへん感動したのを憶えているので、読者にもぜひ紹介したいのですが、さて、あなたは、どのように感じられるでしょうか。

　$\Gamma(s)$ は、正の実数に対しては、次の式で決められます。積分になれていない人は、眺めていただければ十分です。

$$\Gamma(s) = \int_0^\infty t^{s-1} \exp(-t)\, dt = \int_0^\infty t^s \exp(-t) \frac{dt}{t} \quad (3.7)$$

被積分関数の中の t^{s-1} や $\exp(-t)$ が何を表すかは第2章で説明したとおりです。この積分は t についての積分な

ので、結果はsの関数になります。そして、部分積分から $\Gamma(s) = (s-1)\Gamma(s-1)$ がわかり、$\Gamma(1) = 1$ が成り立つことから、$n = 0, 1, 2, 3, \cdots$ に対して、$\Gamma(n+1) = n!$ が成り立つことがわかります。さらに負の実数や、(3.7)式を変形して得られる、さまざまな関係式を使うことで、一般の複素数sに対して$\Gamma(s)$を考えることができます。

$\Gamma(s)$はいろいろな関係式を満たすのですが、中でも有名なものを一つだけあげると、

$$\Gamma(s)\Gamma(1-s) = \frac{\pi}{\sin(\pi s)} \tag{3.8}$$

というものがあります[2]。分母のsinは、正弦関数です。この式は、ゼータ関数に関する研究の中でも本当は大活躍するのですが、本書では詳しくは触れません。

■ゼータ関数の成分③:複素関数の積分

いよいよゼータ関数の定義式 (3.2) の主役の分子について説明しましょう。分子は、複素関数 $\dfrac{z^{s-1}}{e^z - 1}$ を変数zについて積分したものです。被積分関数の中でsはパラメータです。積分することで変数のzが消えて、積分した結果の $\int_C \dfrac{z^{s-1}}{e^z - 1} dz$ はsだけの関数になるわけです。

でも複素関数の積分とは、何を意味しているのでしょう

---

[2] 例えば、杉浦光夫『解析入門I』(東京大学出版会)の第Ⅳ章15節に載っています。

か。それは、後で説明するとして、まず、被積分関数の分子の z^{s-1} について説明しましょう。実は、ここは、複素関数の理論の急所なのです。

分子の被積分関数の分子の z^{s-1} は、指数関数 e^z がなんだかわかれば、第2章で登場した自然数 n の実数 s 乗 n^s と同様に考えればよいことになります。指数関数の逆関数の（自然）対数関数 $\log z$ を使って、$z^{s-1} = e^{(s-1)(\log z)}$ とするわけです。複素数の複素数乗は、このように考えます。

ただ、複素数の対数関数 $\log z$ には、実数の対数関数 $\log x$ とは大きく異なる点があります。それは、$\log z$ は、変数 z に対して値が一つに定まらないということです。そのことを説明するために、複素数の**極形式**の説明をしましょう。

■複素数の極形式と対数

複素数 $z = a + bi$ は、図3.2のとおり複素平面上で点 (a, b) に対応します。この時 $(a, b) = (r\cdot\cos\theta, r\cdot\sin\theta)$ と表されることがわかります。ここで、$r = \sqrt{a^2 + b^2}$ は、(a, b) と原点との距離で、対応する複素数 z の**絶対値**と呼ばれ $|z|$ とも書き表されます。また、θ は (a, b) と原点を結ぶ直線と、実軸（複素平面上で実数の全体を表す水平な直線）の正の部分とのなす角で、対応する複素数 z の**偏角**と呼ばれ $\arg z$ とも書き表されます。

この時、$\log z = \log r + \theta i = \log|z| + (\arg z)i$ となります。その理由は以下のとおりです。$(a, b) = (r\cdot\cos\theta, r\cdot\sin\theta)$ ということは、複素数で考えると、$z = r\cdot\cos\theta +$

$(r\cdot\sin\theta)i=r(\cos\theta+i\cdot\sin\theta)$ ということで、オイラーの公式 $e^{i\theta}=\cos\theta+i\cdot\sin\theta$ を使うと、$z=re^{i\theta}$ となることがわかります。この右辺は、複素数 z の極形式と呼ばれています。一方 $r=e^{\log r}$ と書けます（これは、実数の範囲での話です。両辺の対数をとってみてください）から、$z=re^{i\theta}=e^{\log r}e^{i\theta}=e^{\log r+i\theta}$ となります。対数関数は指数関数の逆関数ですから、$\log z$ とはその指数関数の値 $e^{\log z}$ が z になる複素数です。したがって、$\log z=\log r+\theta i$ となるわけです。

でも、この時、z に対して、その偏角 $\theta=\arg z$ は一通りには決まりません。θ に 2π の整数倍 $2n\pi$ を加えても、同じ z に対応します。その場合、$\log z$ は、$\log r+i\theta$ に、$2n\pi i$ を加えた $\log r+i(\theta+2n\pi)$ になります。これは、もとの $\log r+i\theta$ とは別の複素数です。虚部が違うからです。

この対数関数の性質は、実数の場合とは本質的に異なる違いで、そのことが数学を大きく発展させるターニング・ポイントとなりました。

そこで、対数関数が登場する時は、偏角の範囲をどのように考えるかを指定する必要があります。通常は、偏角の範囲を 0 以上 2π 未満にします。このように範囲を制限しておくと、それぞれの複素数 z に対してただ一つの偏角 $\arg z$ の値を対応させることができます。

こうすると、s が 1 より大きい実数の場合は、

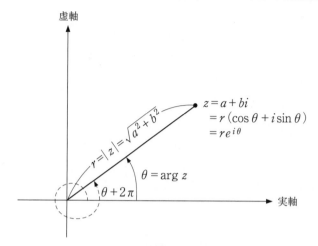

図3.2 複素数の極形式

$$\zeta(s) = \frac{\int_C \frac{z^{s-1}}{e^z-1}dz}{(e^{2\pi is}-1)\Gamma(s)} = \sum_{n=1}^{\infty}\frac{1}{n^s}$$

が成り立ちます。これが、(3.2) 式で定義される関数が、$\sum_{n=1}^{\infty}\frac{1}{n^s}$ の複素数への拡張になっていることを表しています。上の式が成り立つ理由は、後で (3.2) 式 が成り立つことの説明をする時に触れます。

■複素関数の積分とは

さて、では、複素関数の積分について説明しましょう。
変数の複素数を表す複素平面で考えると、複素関数の積

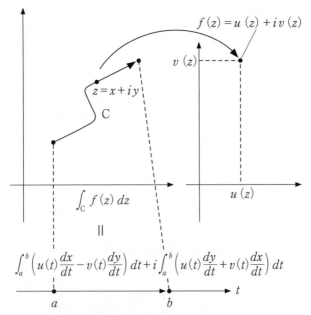

図3.3 複素関数の積分は、実直線上の積分
関数の値$f(z)$は複素数ですから、その実部$\operatorname{Re}f(z)$をzに対応させる関数を$u(z)$、$f(z)$の虚部$\operatorname{Im}f(z)$をzに対応させる関数を$v(z)$と書いて、$f(z) = u(z) + iv(z)$と書いています。$u(z)$、$v(z)$は、zに実数を対応させる関数になります。

分は、積分路と呼ばれる曲線の上での積分です。**積分路**の上で被積分関数がとる値を、実数の数直線の上の関数だと思って積分します（図3.3参照）。だから、複素関数の積分では積分路をはっきり指定しなければなりません。$\int_C \frac{z^{s-1}}{e^z - 1} dz$ の積分記号の右下に書かれている C がそれを

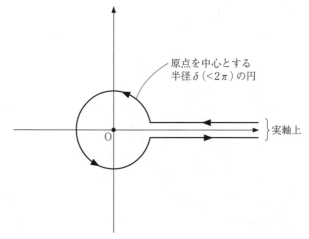

図3.4 ゼータ関数の定義式 (3.2) の分子の積分の積分路C

表しています。(3.2)式の C は、図3.4に示す積分路を表しています。そして、この積分がどうなるかがわかれば、(3.2)式がわかるわけです。

■コーシーの定理

図3.4に示す積分 $\int_C \frac{z^{s-1}}{e^z - 1} dz$ の積分路Cで、原点の周りを回る円の半径は、2π より小さければいくつであっても、最終的な積分の結果は変わりません。不思議な話ですが、この事実は、**コーシーの定理**と呼ばれる定理の結果です。これが複素関数論の美しい世界の始まりです。なお、2π より小さくする意味は、次章で説明します。

コーシーの定理の内容は、以下のとおりです（図3.5参

✗ 特異点

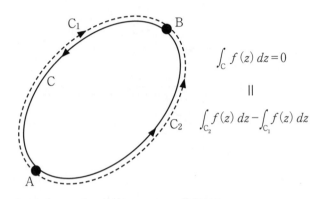

$$\int_C f(z)\,dz = 0$$
$$\|$$
$$\int_{C_2} f(z)\,dz - \int_{C_1} f(z)\,dz$$

図3.5 コーシーの定理

照)

> 積分路が閉じていて、その内側に被積分関数の特異点がなければ、積分の結果は0である。

　積分路の内側とは、今のように積分路が円を左回りに回っている時は、円の内側を指します。右回りなら、円の外側を指します。

　複素関数の**特異点**とは、以下の条件が成り立たない点です。その条件とは値が有限で、さらにその点で**複素微分**可能であるという条件です。つまり、値が有限でないか、有限であっても複素微分可能ではない点が特異点です。

　複素微分とわざわざ複素がついている理由はすぐ後で説

明するとして、コーシーの定理から円の大きさがいくらでも積分の値が同じであることは以下のようにしてわかります。図3.5の2点AとBを結ぶ積分路が2つあると、それぞれに沿った積分の値は違う可能性があります。しかし、今の被積分関数は $\dfrac{z^{s-1}}{e^z-1}$ で、それらで挟まれる部分には特異点がないので、コーシーの定理からこの2つの積分路に沿った積分の値は同じになるというわけです。なお、$\dfrac{z^{s-1}}{e^z-1}$ は、s は定数だと思って、z の関数だとみています。

■複素微分とは

さて、複素微分とは何でしょうか。実数の関数の微分とは違うのでしょうか。違うと言えば違うし、同じと言えば同じだし、正確には実数の関数の微分の発展形と言うべきです。

ここで、実数の関数 $f(x)$ が、実変数 x に関してある点 x_0 で微分可能とはどのような意味だったか思い出すと、$x=x_0$ に正の方向から近づいた時と、負の方向から近づいた時の微分係数が等しいこと、つまり、

$$\lim_{h \to 0} \frac{f(x_0+h)-f(x_0)}{h} = \lim_{h \to 0} \frac{f(x_0-h)-f(x_0)}{-h}$$

（ただし、$h>0$）

が成り立つことを意味していました。

これは、実数の全体が直線になるので、2つの方向からの微分係数が等しいこととしたのですが、複素数の全体は平面です。そこで、関数 $f(z)$ が点 z_0 で複素微分可能とは、

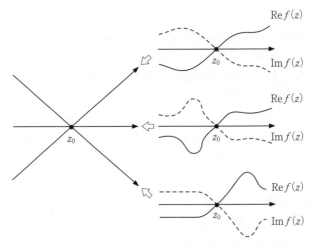

図3.6　複素微分可能とは、どの方向の微分係数も同じこと

どの方向からの微分係数も一致することと考えます。あるいは、図3.6のとおり、点 z_0 を通る直線の上で両方向からの微分係数が等しく、しかもそれらが点 z_0 を通る全ての直線について等しいということもできます。

なお、関数 $f(z)$ が z_0 で複素微分可能な時、関数 $f(z)$ は点 z_0 で正則と呼ばれ、また、ある範囲の全ての点で正則な関数は、その範囲で、**正則関数**（regular function）と呼ばれます。

正則関数は、とても優れた性質を持ちます。その最初の例が、先のコーシーの定理です。正則関数という言葉を使ってコーシーの定理を言い換えると次のとおりになります。

> 積分路が閉じていて、その内側で被積分関数が正則なら、積分の結果は0である。

なお、正則でない点＝特異点 が内側にあったら積分はどうなるのか、という点については、次章で説明します。ここでは、もう少しゼータ関数の定義式 (3.2) についての説明を続けます。

■ゼータ関数は正則か

さて、先に説明したゼータ関数は正則関数でしょうか。①から③までの成分ごとに見ていきましょう。

①で説明した指数関数 e^z は、実数の指数関数が全ての実数で微分可能なのと同様、全ての複素数 z について正則です。したがって、(3.2) 式に登場する $e^{2\pi i s}$ も全ての s について正則です。また、これらの値は決して0にはなりません。なお、e^z の逆関数の $\log z$ は、$z=0$ だけを特異点に持ち、それ以外では正則です。

②で説明したガンマ関数 $\Gamma(s)$ は、0と負の整数、すなわち $s=0, -1, -2, \cdots$ が特異点ですが、その他の点では正則です。また、$\Gamma(s)$ の値は決して0にはなりません。

③で説明した積分 $\int_C \dfrac{z^{s-1}}{e^z - 1} dz$ については、結論を言うと、これは、全ての s について正則になります。な

お、被積分関数 $\dfrac{z^{s-1}}{e^z-1}$ は、s を定数とみて z の関数と思うと分子は $z^{s-1}=\exp((s-1)\log z)$ で、$z=0$ では $\log z$ が特異点を持ちますが、その他の点では特異点は持ちません。また、分母の e^z-1 が 0 になるのは、$z=0, \pm 2\pi i, \pm 4\pi i, \pm 6\pi i, \cdots$ の時(詳しくは第4章で説明します)なので、積分路を原点の周りの円で、半径を 2π より小さくしておけば、$\dfrac{z^{s-1}}{e^z-1}$ は積分路の上で特異点を持たず正則です。そして、積分した結果の $\displaystyle\int_C \dfrac{z^{s-1}}{e^z-1}dz$ も s の正則関数になります。

以上を総合すると、ゼータ関数

$$\zeta(s) = \dfrac{\displaystyle\int_C \dfrac{z^{s-1}}{e^z-1}dz}{(e^{2\pi is}-1)\Gamma(s)} \tag{3.2}$$

は、分母で $e^{2\pi is}=1$ となる点や、$\Gamma(s)$ の特異点以外では正則なことがわかります。特異点がどこなのかについて、続きは次章で説明します。

■コーシー–リーマンの方程式

上で説明した指数関数 $e^z=\exp z$ の他にも、z の多項式や正弦関数 $\sin z$ や余弦関数 $\cos z$ も全ての複素数 z で正則です。また、べき級数で表される関数も、それが収束する点では正則です。

では、どんな関数が正則関数なのでしょうか。その必要十分条件は、**コーシー‐リーマンの方程式**と呼ばれます。この条件は、複素関数を平面から平面への関数と考えて、その成分の満たす微分方程式で表されています。より詳しいことは囲みにまとめます。

複素関数 $f(z)$ を x-y 平面から u-v 平面への関数と考えます。すると、$z = x + iy$ で、$f(z) = u(z) + iv(z)$ と書き表すことができます。$u(z)$ も $v(z)$ も、値は複素数ではなく、実数です。

つまり、複素関数 $f(z)$ は、$z = x + iy$ と表すと、2つの2実変数の関数 $u(x, y)$ と $v(x, y)$ によって、$f(z) = f(x, y) = u(x, y) + iv(x, y)$ と表すことができます。

この時、$f(z)$ が正則関数であるためには、u と v が次の方程式を満たすことが必要十分です：

$$\frac{\partial u}{\partial x} = \frac{\partial v}{\partial y}, \quad \frac{\partial u}{\partial y} = -\frac{\partial v}{\partial x} \tag{3.9}$$

この微分方程式 (3.9) がコーシー‐リーマンの方程式と呼ばれるものです。

なお、(3.9) 式を満たす u、v は、平面上での**ラプラスの方程式**

$$\Delta u = \frac{\partial^2 u}{\partial x^2} + \frac{\partial^2 u}{\partial y^2} = 0, \quad \Delta v = \frac{\partial^2 v}{\partial x^2} + \frac{\partial^2 v}{\partial y^2} = 0$$

を満たします。このような関数は**調和関数**と呼ばれ、特に物理で幅広く活躍します。つまり、正則関数の実部と虚部は、調和関数になり、このことから、複素関数が実用上も重要であることになります。

リーマンは、学位取得論文（1851年）の中で、複素関数の一般論を展開し、それを用いて画期的な成果を得ていますが、この条件はその名のとおり、出発点となるものです。

そして、この条件には、もうひとりフランスの数学者コーシー（1789～1857）の名もついています。彼はリーマンに先立って複素関数の一般論を展開しましたが、数学史の研究者によると、今日の多くの大学で行われる複素関数論に関する講義、そして複素関数論の教科書の論理展開は、リーマンの講義が元になっているそうです。リーマンは、彼以前の研究結果に磨きをかけて体系化し、そして、先に述べたとおりそれを駆使し画期的な成果を得ました。本書の主題であるリーマン予想の論文も、ここでは整数論と呼ばれる素数の性質を研究する分野での、複素関数論の一般論の見事な応用となっている

オーギュスタン・ルイ・コーシー

SPL/PPS通信社

第3章 リーマンのゼータ関数とは

ことは、これから少しずつ明らかになっていきます。

■ゼータ関数は一つだ！

では本章の最後に、(3.2) 式で定義されたゼータ関数が、s が1より大きい実数の場合に $\sum_{n=1}^{\infty} \frac{1}{n^s}$ に等しくなる理由を簡単に説明しましょう。

$\int_C \frac{z^{s-1}}{e^z - 1} dz$ の計算は、積分路 C を以下の3部分に分けて考えましょう。なお、以下で δ は、$0 < \delta < 2\pi$ となる実数です（図3.4参照）。

①実軸上を $+\infty$ から δ まで進み、
②原点を中心とする半径 δ の円上を左回りに一周し、
③実軸上を δ から $+\infty$ まで進む。

前に説明したとおり、δ はいくつでも $\int_C \frac{z^{s-1}}{e^z - 1} dz$ は変わりませんから、δ を0に近付けた極限での①から③の計算結果を考えると、以下のとおりとなります。

①実軸上での積分ですから、変数 z を実数 x と表して、x を $+\infty$ から δ まで積分し、そして δ を0に近付けるので、$\int_C \frac{z^{s-1}}{e^z - 1} dz$ は、$\int_\infty^0 \frac{x^{s-1}}{e^x - 1} dx = -\int_0^\infty \frac{x^{s-1}}{e^x - 1} dx$ になります。
②0になります。

③ここが、ポイントです。①と同様に変数zを実数xで表して考えて $\int_0^\infty \frac{x^{s-1}}{e^x-1} dx$ になると思いきや、複素数の関数を考えたご利益というべきか醍醐味というべきか、$e^{2\pi is} \int_0^\infty \frac{x^{s-1}}{e^x-1} dx$ と $e^{2\pi is}$ がかかってきます。その原因は、$\int_C \frac{z^{s-1}}{e^z-1} dz$ を計算する時に、$z^{s-1} = \exp((s-1)\log z)$ と対数関数が登場することです。ここでzの偏角をどう選ぶかがポイントなのです。①ではzは実軸の正の部分にあり、偏角は0と考えるのですが、②を回っている間に0から増えて一回りすると2πになり、その値のまま、③で実軸の正の部分を右に向かって進みます。そのため、③上の点については、$\log z$のところは、$\log x + 2\pi i$ となり $z = e^{2\pi i}x$ となります。そのせいで、$z^{s-1} = e^{(s-1)\log z} = e^{(s-1)(\log x + 2\pi i)} = e^{(s-1)\log x} e^{(s-1)2\pi i} = e^{(s-1)2\pi i} x^{s-1} = e^{2\pi is} x^{s-1}$ ($e^{2\pi i} = 1$ です) となり、$dz = e^{2\pi i} dx = dx$ ですから積分の前に $e^{2\pi is}$ がかかります。

以上から、

$$\int_C \frac{z^{s-1}}{e^z-1} dz = (e^{2\pi is} - 1) \int_0^\infty \frac{x^{s-1}}{e^x-1} dx \qquad (3.10)$$

となります。実は、1より大きい実数sに対しては、ガンマ関数とゼータ関数の間には後で説明する関係式

$$\Gamma(s)\left(\sum_{n=1}^{\infty}\frac{1}{n^s}\right) = \int_0^{\infty}\frac{x^{s-1}}{e^x-1}dx \tag{3.11}$$

が成り立つので、(3.10) 式は、以下のとおり書き換えられます。

$$\int_C \frac{z^{s-1}}{e^z-1}dz = (e^{2\pi is}-1)\Gamma(s)\left(\sum_{n=1}^{\infty}\frac{1}{n^s}\right)$$

これを書き直すと、

$$\sum_{n=1}^{\infty}\frac{1}{n^s} = \frac{\int_C \dfrac{z^{s-1}}{e^z-1}dz}{(e^{2\pi is}-1)\Gamma(s)} \tag{3.12}$$

となります。先ほど説明したとおり、(3.12) 式の右辺は s が 1 より大きい実数に限らずとも、一般の複素数に対して考えることができます。そこで、リーマンは $\sum_{n=1}^{\infty}\frac{1}{n^s}$ の複素数版のゼータ関数 $\zeta(s)$ を、(3.12) 式の右辺を用いて、

$$\zeta(s) = \frac{\int_C \dfrac{z^{s-1}}{e^z-1}dz}{(e^{2\pi is}-1)\Gamma(s)} \tag{3.2}$$

と作ったというわけです。そして、(3.12) 式のとおり、1 より大きい実数 s については $\zeta(s) = \sum_{n=1}^{\infty}\frac{1}{n^s}$ が成り立つというわけです。

ここで、他の作り方もあるのではないか、と思われるのはとてもよい疑問です。しかし、s が 1 より大きい実数で

は $\sum_{n=1}^{\infty} \frac{1}{n^s}$ に一致するという条件から、どんなに見かけの異なる式であっても (3.2) 式 の右辺と同じものになります。これは、**一致の定理**と呼ばれる、正則関数について成り立つまた別の定理の結果です。

上で使った関係式 (3.11) はどうやってわかるのかということは少しややこしいので、下の囲みにまとめておきます。

---

n を自然数として、ガンマ関数を積分で表す式 (3.7) で $t=nx$、つまり、$x=\frac{t}{n}$ とおきます。すると、$dt=ndx$ なので、

$$\Gamma(s) = \int_0^\infty t^{s-1}\exp(-t)\,dt = \int_0^\infty (nx)^{s-1}\exp(-nx)\,ndx$$
$$= n^s \int_0^\infty x^{s-1}\exp(-nx)\,dx \quad (s>1)$$

となります。この両辺を n^s で割って、全ての自然数 n について和をとると、

$$\sum_{n=1}^{\infty} \frac{\Gamma(s)}{n^s} = \sum_{n=1}^{\infty} \int_0^\infty x^{s-1}\exp(-nx)\,dx \quad (3.13)$$

となります。この左辺は、

$$\sum_{n=1}^{\infty} \frac{\Gamma(s)}{n^s} = \Gamma(s)\left(\sum_{n=1}^{\infty} \frac{1}{n^s}\right)$$

となります。

一方、(3.13) 式の右辺では、無限和と無限積分を交換して、

$$\sum_{n=1}^{\infty}\int_0^{\infty} x^{s-1}\exp(-nx)\,dx = \int_0^{\infty} x^{s-1}\left(\sum_{n=1}^{\infty}\exp(-nx)\right)dx$$

となります。右辺の積分記号の中の $\sum_{n=1}^{\infty}\exp(-nx)$ は、初項と公比が $\exp(-x)=e^{-x}$（これは積分範囲の $x>0$ では 1 より小さい）の無限級数ですから、和の公式を思い出して、

$$\sum_{n=1}^{\infty}\exp(-nx) = \sum_{n=1}^{\infty}(e^{-x})^n = e^{-x}\left(\sum_{n=0}^{\infty}(e^{-x})^n\right)$$

$$= e^{-x}\left(\frac{1}{1-e^{-x}}\right) = \frac{1}{e^x-1}$$

となり、結局 (3.13) 式は、

$$\Gamma(s)\left(\sum_{n=1}^{\infty}\frac{1}{n^s}\right) = \int_0^{\infty}\frac{x^{s-1}}{e^x-1}\,dx$$

となります。

さて、これで、皆さんは、リーマンのゼータ関数 $\zeta(s)$ が何かを知ったことになります。(3.2) 式の右辺がそれです。

次章では、$\zeta(s)$ の**極**と**零点**という基本的な性質を調べます。そしてそこに、いよいよリーマン予想が登場します。

第4章　リーマン予想とは

　第1章で説明したとおり、リーマンは素数の出現の様子を表す関数 $\pi(x)$ の式を求めるにあたって、$\pi(x)$ と互いに移り合う関数 $J(x)$ と $\sum_{n=1}^{\infty}\frac{1}{n^s}$ の関係式

$$\log\left(\sum_{n=1}^{\infty}\frac{1}{n^s}\right)=s\int_{1}^{\infty}J(x)x^{-s-1}dx \qquad (4.1)$$

を利用することを考えました。そして (4.1) 式を $J(x)$ の方程式とみると、フーリエ逆変換を利用してこれを解くことができることに気が付いたのでした。(4.1) 式がどのようにして成り立つかについては付録1をご覧ください。

　この時リーマンは、$\sum_{n=1}^{\infty}\frac{1}{n^s}$ を s が複素数の場合にも考えられるように、前章で説明したリーマンのゼータ関数 $\zeta(s)$ を

$$\zeta(s) = \frac{\int_C \dfrac{z^{s-1}}{e^z-1} dz}{(e^{2\pi is}-1)\Gamma(s)} \qquad (4.2) = (3.2)$$

と作り出しました。その結果、$J(x)$ の方程式 (4.1) 式を

$$J(x) = \frac{1}{2\pi i} \int_{a-\infty i}^{a+\infty i} \frac{\log \zeta(s)}{s} x^s ds$$

（ただし、a は 1 より大きい実数）　　　　(4.3)

と解くことができました。フーリエ逆変換をどのように使って (4.3) 式を求めたかは、付録2をご覧ください。

ゼータ関数 $\zeta(s)$ がわかっていれば、(4.3) 式を使って、$J(x)$ を求めることができ、それから $\pi(x)$ を計算することができるので、$\pi(x)$ の式を求めることができることになります。

後は、(4.3) 式の計算をすればよいだけですが、これは、複素関数 $\dfrac{\log \zeta(s)}{s} x^s$ を積分したものです。なお、x は実数であることに注意してください。

実は、たいていの複素関数の積分の値は、実際に被積分関数の原始関数（不定積分）がわからなくても、被積分関数の特異点の様子がわかれば求めることができます。これは**留数の定理**と呼ばれます。この定理は、ある関数の特異点の情報が、その関数の性質を特徴づける重要な情報であることを示しています。

そこで、この章では被積分関数 $\dfrac{\log \zeta(s)}{s} x^s$ の特異点を調べます。そして、その過程で生まれたのが、何を隠そ

う、本書のテーマのリーマン予想なのです。つまり、本章を読めば、**リーマン予想がどのようにして生まれたのか、そして、それがどのような意味を持っているのかがわかる**ことになります。

実は、(4.3) 式の積分を計算するためには、留数の定理は直接には使用されません。しかし、(4.2) 式でゼータ関数を定義する時に分子の計算に利用されますし、また、この後登場する、特異点を調べる途中で活躍する「**ゼータ関数の関数等式**」を示すのにも利用されます。そこで、本章では、特異点の留数や留数の定理も簡単に紹介することにします。

しかし、特異点を調べることは、(4.3) 式の積分を計算するために無駄ではありません。それどころか、留数の定理を使わないとはいえ、やはり (4.3) 式の積分の計算のために特異点の情報は決定的であることがわかるのですが、それは次章でのお話です。

4.1 リーマンのゼータ関数の極

これから被積分関数 $\dfrac{\log \zeta(s)}{s} x^s$ の**特異点**を調べることにします。特異点とは、値が有限でなくなる(正確には、値の絶対値が無限大になる)などのために値を決められなくなる点や、そこで複素微分できなくなる点のことです。被積分関数は $\log \zeta(s)$ と、$\dfrac{1}{s}$ と x^s の3個の関数がかけ合わされていますので、それぞれの特異点を調べることで、$\dfrac{\log \zeta(s)}{s} x^s$ の特異点を調べることができます。順に調べていきましょう。

① まず、$x^s = e^{s\log x}$ は指数関数ですから、全ての s で有限の値で、また、複素微分が可能です。だから、ここの部分からは特異点は出てきません。なお、値は決して 0 になりません。

② 次に $\dfrac{1}{s}$ の値が有限でなくなる $s=0$ が、被積分関数の特異点となる可能性があります。この時実は、$\zeta(0) = -\dfrac{1}{2}$ となることがわかりますので、$\log \zeta(0)$ は 0 とはなりません。したがって $\dfrac{\log \zeta(s)}{s}$ の値も有限でなくなり、$s=0$ は被積分関数の特異点です。なお、$\zeta(0) = -\dfrac{1}{2}$ となることは、付録3で簡単に説明します。

③ 最後に、$\log \zeta(s)$ の特異点を調べる必要があります。これには、$\zeta(s)$ の特異点と、$\zeta(s) = 0$ となる点が考えられます。順に調べていきましょう。

■ゼータ関数の特異点

第3章で説明したとおり、リーマンのゼータ関数 $\zeta(s)$ の正体は、

$$\zeta(s) = \frac{\int_C \dfrac{z^{s-1}}{e^z - 1} dz}{(e^{2\pi i s} - 1)\,\Gamma(s)} \tag{4.4}$$

でした。ただし、分子の積分路 C は、以下のとおりです（前章の図3.4参照）。

δ を $0 < \delta < 2\pi$ となる実数として $+\infty$ から実軸上を δ まで進んだのち、原点を中心とする半径 δ の円

上を左回りに一周し、再度 δ から $+\infty$ まで実軸上を進む。

この積分の被積分関数 $\dfrac{z^{s-1}}{e^z-1}$ は s と z の二つの複素数の関数ですが、z について積分するので、その結果は s だけの関数となります。積分の結果は全ての s に対して有限な値となり、複素平面全体での正則関数となって特異点はないことは、第3章で簡単に説明したとおりです。

したがって、$\zeta(s)$ の特異点となる可能性があるのは、分母が 0 になる点です。分母は $(e^{2\pi is}-1)$ と $\Gamma(s)$ の2個の関数がかけ合わされています。それぞれについて調べていきましょう。

■$(e^{2\pi is}-1)=0$ となる時

まず、$(e^{2\pi is}-1)$ は、$e^{2\pi is}=1$ となる時、値が 0 になります。$e^{2\pi is}=1$ となるのは、s が整数となる時、すなわち $s=0, \pm 1, \pm 2, \pm 3, \cdots$ の時です。

これは $e^z=1$ となるのは $z=2n\pi i$ の時だけであることからわかります。実際 $z=x+iy$ とすると、$e^z=e^x e^{iy}=1$ となり、絶対値をとると $e^x=1$ がわかります。したがって、$x=0$ です。すると、$e^{iy}=\cos y+i\sin y=1$ となるのですから、$y=2n\pi$ がわかります。

このような、ある関数の値が 0 になる点は、その関数の**零点**と呼ばれます（英語では zero）。後程詳しく説明しま

すが、関数の零点ごとに、**位数**[1]と呼ばれる自然数が決まります。これは、零点の重複度合いを表します。関数 $(e^{2\pi i s}-1)$ のこれらの零点の位数は、どれも1です。位数が n の時、その零点は、n 位の零点と呼ばれます。

そして次が成り立ちます。

> $f(z)$ の零点 a が n 位の零点である時、a の近くの点で $f(z) = g(z)(z-a)^n$ と書くことができます。ただし、$g(z)$ は、$z=a$ で正則で、$g(a) \neq 0$ が成り立ちます。
>
> (4.5)

このように書けることが $f(z)$ の零点 a が n 位の零点であることの特徴づけです。

この特徴づけを理解していただくために、ここで、正則関数の**テイラー展開**について説明しましょう。これは、正則関数の世界が見通しの良いことを典型的に示す性質です。ただし、ややこしい数式を見るのに抵抗がない読者以外は、飛ばして先に進んでも困らないと思います。でも、以下の話をざっとでも読んでおくと、先々説明をよりきっちり理解できるでしょう。

■正則関数のテイラー展開

第3章で説明したとおり、複素微分できる関数を正則関

---

[1] 英語の order の訳で、次数と呼ばれる時もあります。その時は、n 位ではなく n 次と呼ばれます。

数と呼びました。このように正則関数とは、1回複素微分できる関数のことですが、実は、1回微分できると、何回でも微分できることがわかっています。これは、正則関数の大きな性質です。このようなことは実数の関数ではありえないことです。複素数の正則関数を考える第一のご利益と言ってよいと思います。

そして、何回でも微分できることから、正則関数は、次のテイラー展開と呼ばれる形の式に書けることがわかります。実数の関数のテイラー展開と同じ式です。

複素関数 $f(z)$ が、$z=a$ で複素微分可能な時、$f(z)$ は、a の近くの点 z で次の式で表されます。

$$f(z) = f(a) + \frac{df}{dz}(a) \cdot (z-a) + \frac{d^2f}{dz^2}(a) \cdot \frac{(z-a)^2}{2}$$

$$+ \frac{d^3f}{dz^3}(a) \cdot \frac{(z-a)^3}{3 \cdot 2} + \cdots$$

$$+ \frac{d^kf}{dz^k}(a) \cdot \frac{(z-a)^k}{k(k-1)(k-2)\cdots 2 \cdot 1} + \cdots$$

$$= \sum_{k=0}^{\infty} \frac{f^{(k)}(a)}{k!}(z-a)^k \qquad (4.6)$$

なお、(4.6) 式の右辺(ここでは下辺と呼ぶべきかもしれませんね)の $f^{(n)}(a)$ は、f の n 階導関数 $\frac{d^nf}{dz^n}(z)$ の $z=a$ での値を表しています。この n 階導関数は、以下のとおり、$f(z)$ を用いた積分で表されます。微分が積分で表されるのです。式だけ説明抜きでお目にかけます。

$$\frac{d^n f}{dz^n}(a) = \frac{n!}{2\pi i} \int_C \frac{f(z)}{(z-a)^{n+1}} dz \quad (n = 0, 1, 2, \cdots) \quad (4.7)$$

ここで、右辺の積分では z で積分をしています。また、積分路 C は、a の周りを左回りに回る円で、中のどの点でも $f(z)$ が複素微分できるようなものです。

つまり、導関数 $\frac{df}{dz}(z)$ が元の関数 f を用いた積分で表されるので、導関数 $\frac{df}{dz}(z)$ が微分できることがわかり、以下この繰り返しで、正則関数は何回でも微分できることがわかるのです。

■零点での関数の形

さて、a が $f(z)$ の零点の時、$f(a) = 0$ ですから、(4.6) 式のテイラー展開は $(z-a)$ の項から始まります。さらに、$f^{(1)}(a) = 0$ ならこの項も消えます。そこで、ある整数 n に対して、$f(a) = f^{(1)}(a) = f^{(2)}(a) = \cdots = f^{(n-1)}(a) = 0$ で、初めて $f^{(n)}(a)$ が 0 でない時、a は、f の位数 n の零点と呼ばれます。この時、テイラー展開を $(z-a)^n$ でくくることができます。このくくられた部分が、先にお話しした (4.5) 式に登場する、関数 $g(z)$ です。

■$\Gamma(s) = 0$ となる時

(4.4) 式の分母が 0 になる点を調べる話に戻ると、もう一方の $\Gamma(s)$ の値は、全ての s に対して決して 0 にはなりません。しかし、s が 0 以下の整数の時、すなわち $s = 0$,

-1, -2, -3, … で値(の絶対値)が無限大になり特異点となります。$\Gamma(s)$ のこれらの特異点は、1位の**極**(英語では pole)と呼ばれます。ただし、極という言葉と、極での位数という言葉はまだ説明していませんでした。これらの言葉を理解していただくために、こんどは、複素関数の**ローラン展開**について説明しましょう。

■複素関数のローラン展開

複素関数 $f(z)$ の値が $z=b$ で考えられない時や、$z=b$ で $f(z)$ が複素微分できない時に、b は、関数 $f(z)$ の特異点と呼ばれます。特異点 b では $f(z)$ をテイラー展開で表すことはできませんが、ローラン展開と呼ばれる似た式で $f(z)$ を表すことができます。ただし、$z=b$ の近くには、他に $f(z)$ の特異点がなく、$f(z)$ は正則であることが条件になります。テイラー展開は $(z-b)$ の累乗に係数をかけて足しあげた式でしたが、ローラン展開は $1/(z-b)$ の累乗の項も含めた以下の式です。

複素関数 $f(z)$ が、$z=b$ を特異点に持つ時、$f(z)$ は、b の近くの点 z で次の式で表されます。

$$f(z) = a_0 + a_1(z-b) + a_2(z-b)^2 + \cdots + a_k(z-b)^k + \cdots$$
$$+ \frac{a_{-1}}{z-b} + \frac{a_{-2}}{(z-b)^2} + \cdots + \frac{a_{-m}}{(z-b)^m} + \cdots$$

$$= \sum_{k=-\infty}^{\infty} a_k (z-b)^k \tag{4.8}$$

ローラン展開 (4.8) 式では、$(z-b)$ の累乗の指数 k が $-\infty$ から ∞ までとなっていることに注意してください。ただし、係数 a_k は 0 となることもあります。

■極での関数の形

特異点のうちでも、ローラン展開 (4.8) で、$1/(z-b)$ の累乗の項が有限個の時、つまり、ある負の整数 $(-n)$ より小さい負の整数 $(-m)$ に対しては、(4.8) 式の $(z-b)^{-m} = \dfrac{1}{(z-b)^m}$ の項の係数 a_{-m} が全て 0 となる時、その特異点は、**極**と呼ばれます。この時、$(-n)$ が a_{-n} が 0 とならない最小の整数ですから、その特異点は、n 位の極と呼ばれます。そして、$f(z)$ のローラン展開を $\dfrac{1}{(z-b)^n}$ でくくることができることになります。くくられた部分を $h(z)$ と書くと、零点の時と同様に、次が成り立ちます。

$z=b$ が $f(z)$ の n 位の極である時、b の近くの点で

$$f(z) = \frac{h(z)}{(z-b)^n}$$

と書くことができます。ただし、$h(z)$ は、$z=b$ で正則で、$h(b) \neq 0$ が成り立ちます。

(4.9)

このように書けることが、b が $f(z)$ の n 位の極であることの特徴づけです。

■留数と留数の定理

お待たせしました。留数とは何かを説明する時がやってきました。関数 $f(z)$ の特異点 b での**留数**とは、(4.8) 式のローラン展開の $1/(z-b)$ の係数 a_{-1} のことです。

テイラー展開の係数が、$f(z)$ を使った積分で表されたのと同じく、留数も次の式で計算されます。

$$a_{-1} = \frac{1}{2\pi i} \int_C f(z)\,dz$$

ただし、C は特異点 b を中心とする円で、円周上にも円の内部にも b の他に特異点はないようなもので、左回りの向きを考えたものです。これが、**留数の定理**です。一般には次の形で書いておきます。こうすると第 3 章で説明したコーシーの定理と対応しています。さらに、正則な関数では $1/z$ の項はありませんから留数は 0 であると考えると、留数の定理はコーシーの定理の内容も含んでいることがわかります。

複素関数の積分の値は、積分路の内側にある被積分関数の特異点について留数を足しあげ、$2\pi i$ をかけた

第4章 リーマン予想とは

ものになる（図4.1）。

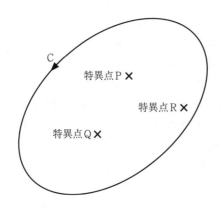

$$\int_C f(z)\,dz = 2\pi i\,(\text{Pでの留数} + \text{Qでの留数} + \text{Rでの留数})$$

図4.1　留数の定理

　実数の関数の積分であれば、被積分関数の原始関数がわからないと積分を求めるのはたいへん困難になります。しかし、複素関数の積分では、この留数の定理のおかげで、被積分関数の原始関数がわからなくても値が求まることになります。原始関数を見つける代わりに被積分関数の特異点を調べ上げることが必要になりますが、それは、たいていそんなに難しいことではありません。

　さらに、値を求めることが難しいような実数の関数の定積分を、変数を複素数に変えて、複素関数の積分として考えると、この定理のおかげで値を求めることができます。

実は、このことが、複素関数の研究が発展した大きな原動力になったのです。そして同時に、複素関数の理論が、物理学や工学などの問題にもたいへん有用である大きな理由になっています。このように、実数の定積分を計算する時に利用されることが多い留数の定理が、リーマンの論文では純粋に数学的な問題である、ゼータ関数の性質を解明するために、利用されています。

なおローラン展開の他の $(z-b)^k$ の係数 $a_k(k=0, \pm 1, \pm 2, \cdots)$ を C 上の積分で表すことも可能です。こちらも説明抜きに紹介しておきましょう。本質的にテイラー展開の係数の (4.7) 式と同じ式です。

$$a_k = \frac{1}{2\pi i} \int_C \frac{f(z)}{(z-b)^{k+1}} dz \quad (k=0, \pm 1, \pm 2, \cdots)$$
(4.10)

■ここまでのまとめ

途中で寄り道してテイラー展開やローラン展開を見てきましたが、ここでこれまでの話をまとめましょう。

ゼータ関数 $\zeta(s)$ の特異点を調べるために定義式 (4.4) の分母が 0 になる可能性がある点を調べた結果、それらは、$(e^{2\pi is}-1)=0$ となる $s=0, \pm 1, \pm 2, \pm 3, \cdots$ で、そしてそれらは $(e^{2\pi is}-1)$ の 1 位の零点でした。

しかし、これと $\Gamma(s)$ をかけ合わせると、$s=0, -1, -2, -3, \cdots$ では $(e^{2\pi is}-1)\Gamma(s)$ は 0 でない有限の値になります。これらの $s=0, -1, -2, -3, \cdots$ は、$\Gamma(s)$ の 1 位の極だったので、$0 \times \infty$ で有限の値になるのです

が、もう少し正確な説明は、下の囲みのとおりです。

> (4.5)にまとめたとおり、$(e^{2\pi is}-1)$ は、$s=n(n=0, -1, -2, -3, \cdots)$ の近くで $(s-n)g(s)$ と書け、$g(n)$ は0にはなりません。
>
> また、(4.9)にまとめたとおり、$s=n$ の近くで $\Gamma(s)$ は、$h(s)/(s-n)$ と書け、$h(n)$ も0にはなりません。
>
> これらから、$s=n$ の近くで $(e^{2\pi is}-1)\Gamma(s)$ は、$g(s)h(s)$ と書けますが、$g(n)h(n)$ は0にはなりません。

残る $s=1, 2, 3, \cdots$ では、2つをかけ合わせた (4.4) 式の右辺の分母は0になります。ところが、このうち $s=2, 3, \cdots$ では、$\zeta(s)$ は $\sum_{n=1}^{\infty} \frac{1}{n^s}$ に等しく、これらは正の値です。つまり $s=2, 3, \cdots$ は $\zeta(s)$ の特異点ではありません。なお、このことは、(4.4) 式の分子の積分も値が0になり、分母と分子で $\frac{0}{0}$ となって打ち消し合うことを示しています。つまり、$s=2, 3, \cdots$ は $\int_C \frac{z^{s-1}}{e^z-1} dz$ の零点であることがわかります。詳しくは、それらは1位の零点のはずです。

■ゼータ関数の極は $s=1$ だけ

こうして、まだ、$\zeta(s)$ の特異点の可能性があるのは、s

=1 だけになりました。もし分子の $\int_C \frac{z^{s-1}}{e^z-1} dz$ が $s=1$ で0にならなければ、(4.4)式の右辺は有限でなくなるので、$s=1$ は、$\zeta(s)$ の特異点です。そして、実際 $\int_C \frac{z^{s-1}}{e^z-1} dz$ で $s=1$ とした $\int_C \frac{1}{e^z-1} dz$ の値は、$2\pi i$ であることが、留数の定理を使ってわかるので、$s=1$ では $\frac{1}{0}$ となり、$s=1$ は $\zeta(s)$ の特異点です。詳しくは、それは1位の極であることがわかります。

以上から、$\zeta(s)$ の特異点は $s=1$ だけであることがわかりました。それは、$\zeta(s)$ の1位の極です。

4.2 ゼータ関数の零点

極がわかったので、次は、$\zeta(s)$ の零点を調べます。おや、これはリーマン予想のキーワードですね。真打登場というわけです。ということは、いよいよここからが、本書のもっとも大事な部分です。

■ゼータ関数の関数等式

ここでは、リーマンが見出した $\zeta(s)$ の顕著な性質

$$\Gamma\left(\frac{s}{2}\right)\pi^{-s/2}\zeta(s) = \Gamma\left(\frac{1-s}{2}\right)\pi^{-(1-s)/2}\zeta(1-s) \quad (4.11)$$

が大活躍します。この式は、「$\zeta(s)$ の**関数等式**」と呼ばれるものです。これまでの式に比べると、ややこしい式ですが、よく見ると、これまでに登場したおなじみの関数が

ならんでいるだけです。恐れる必要はどこにもありません。(4.11) 式で、$\zeta(s)$ と $\varGamma(s)$ は、ゼータ関数とガンマ関数です。π は円周率で、$\pi^{-s/2}$ は、$\exp\left(-\dfrac{s}{2}\log\pi\right)$ を表し、$\pi^{-(1-s)/2}$ は、$\exp\left(-\dfrac{1-s}{2}\log\pi\right)$ を表します。ちなみに、$\log\pi = 1.144729885849\cdots$ です。

(4.11) 式の左辺の s に $(1-s)$ を代入すると、右辺になります。このように関数等式 (4.11) は、$\zeta(s)$ が s と $(1-s)$ の入れ替えについての対称性を持っていることを表しているのです。

関数等式の証明は何通りも知られています。リーマンも 1859 年の論文の中で、2 通りの証明を記しています。ここでは、そのうちの一つを囲みで紹介します。

この証明では、(4.4) 式の分子の積分 $\int_C \dfrac{z^{s-1}}{e^z-1}dz$ が、別の積分路での $\dfrac{z^{s-1}}{e^z-1}$ の積分に等しいことを、コーシーの定理を使って示します。その積分路は、図 4.2 の右の、$z = 2n\pi i$ ($n = \pm 1, \pm 2, \cdots$) の周りを右回りに回る小さな (半径 $<\pi$) 円周 C_n 上の積分の和になります。それぞれの円は右回りであることに注意してください。

以下では、s は負 (<0) の実数であるとします。この場合に等式 (4.11) が得られれば、一致の定理によって、両辺が正則になる全ての点で成り立つことがわかります。

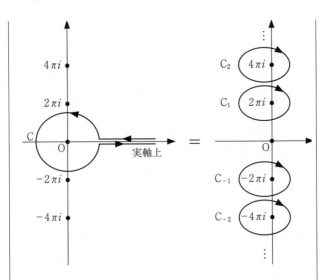

$$\int_C \frac{z^{s-1}}{e^z-1}dz = \int_{C_1}\frac{z^{s-1}}{e^z-1}dz + \int_{C_{-1}}\frac{z^{s-1}}{e^z-1}dz + \int_{C_2}\frac{z^{s-1}}{e^z-1}dz$$
$$+ \int_{C_{-2}}\frac{z^{s-1}}{e^z-1}dz + \cdots$$

図4.2 関数等式の成り立つからくり

これらの点 $z = 2n\pi i (n = \pm 1, \pm 2, \cdots)$ は、$z = 0$ も含めて、$\int_C \frac{z^{s-1}}{e^z-1}dz$ の被積分関数 $\frac{z^{s-1}}{e^z-1}$ の極です。この分子は指数関数ですので常に0と異なる有限の値ですから、極は $e^z = 1$ となるこれらの点です。

式で書くと、

第4章 リーマン予想とは

$$\int_C \frac{z^{s-1}}{e^z-1} dz = \sum_{n=1}^{\infty} \left(\int_{C_n} \frac{z^{s-1}}{e^z-1} dz + \int_{C_{-n}} \frac{z^{s-1}}{e^z-1} dz \right)$$

（C_n は、$z=2n\pi i$ を右回りに回る小円）

が成り立ちますが、右辺の値は留数の定理を用いると $(2n\pi i)^{s-1}$ ($n=\pm 1, \pm 2, \cdots$) の合計の $(-2\pi i)$ 倍です。その値は、n を自然数として、$z=2n\pi i$ での留数と $z=-2n\pi i$ での留数をまとめると、結局

$$2(2\pi i) e^{\pi i s} \left(\sin \frac{\pi s}{2} \right) (2\pi)^{s-1} \left(\sum_{n=1}^{\infty} n^{s-1} \right)$$

となります。

最後の項は、$n^{s-1} = \frac{1}{n^{1-s}}$ ですから、

$$\sum_{n=1}^{\infty} n^{s-1} = \sum_{n=1}^{\infty} \frac{1}{n^{1-s}}$$

と変形すると、おや、右辺は見たことがありますねえ。そう、$\zeta(1-s)$ です。ここで登場してくるのです。$s<0$ としているので、$1-s>1$ ですから、上の式は意味があります。

以上から、

$$\int_C \frac{z^{s-1}}{e^z-1} dz = 2(2\pi i) e^{\pi i s} \left(\sin \frac{\pi s}{2} \right) (2\pi)^{s-1} \zeta(1-s)$$

がわかります。これを、$\zeta(s)$ の定義式

$$\zeta(s) = \frac{\int_C \frac{z^{s-1}}{e^z-1} dz}{(e^{2\pi i s}-1)\Gamma(s)}$$

に代入して、ガンマ関数のいろいろな関係式を用いて整理すると、関数等式

$$\Gamma\left(\frac{s}{2}\right) \pi^{-s/2} \zeta(s) = \Gamma\left(\frac{1-s}{2}\right) \pi^{-(1-s)/2} \zeta(1-s)$$

が成り立つことがわかります。

■ゼータ関数の零点

では、$\zeta(s)$ の値が0になる零点を調べていきましょう。

s の実部、すなわち、実数 σ と t を用いて $s = \sigma + ti$ と書いた時の σ の値で分けて、順に調べていくことにします。なお、$s = \sigma + ti$ という書き方も、ゼータ関数の研究で習慣となっているものです(図4.3参照)。

①s の実部が1より大きい場合($\sigma > 1$ の時)

s が複素数であっても、その実部が1より大きい場合には、$\zeta(s) = \sum_{n=1}^{\infty} \frac{1}{n^s}$ が成り立ちます。さらに、オイラー積表示

$$\sum_{n=1}^{\infty} \frac{1}{n^s} = \prod_{p:\text{素数}} \frac{1}{1-\frac{1}{p^s}} \tag{4.12}$$

も成り立ちます。実部が1より大きいsに対しては、(4.12) 式の右辺のどの因数 $\dfrac{1}{1-\dfrac{1}{p^s}}$ も決して0にならないので、$\zeta(s)$ も決して0になりません。したがって、実部が1より大きいsの中には、$\zeta(s)$ の零点はありません。

② s の実部が負（<0）の時（$\sigma<0$ の時）

ここで、いよいよ、関数等式 (4.11) の登場です。ただし、(4.11) 式を変形した

$$\zeta(s) = \frac{\Gamma\left(\dfrac{1-s}{2}\right)}{\Gamma\left(\dfrac{s}{2}\right)} \pi^{s-1/2} \zeta(1-s) \tag{4.13}$$

を用います。

複素数 s の実部が負の時、$1-s$ の実部は1より大きくなります。実際、$s = \sigma + ti$（σ, t は実数で、$\sigma<0$）と書くと、$1-s = 1-(\sigma+ti) = (1-\sigma)-ti$ となるので、$1-s$ の実部は $(1-\sigma)$ です。そして、$\sigma<0$ なら、$-\sigma>0$ なので、$1-\sigma>1$ です。

したがって、実部が負となるsに対しては、①から、$\zeta(1-s)$ は決して0にはなりません。

また、ガンマ関数 $\Gamma(s)$ は、全てのsに対して値は0になりません。$\pi^{s-1/2} = \exp\left(\left(s-\dfrac{1}{2}\right)\log\pi\right)$ は指数関数なので、その値も決して0にはなりません。したがって、(4.13) 式の右辺の分子が0になる点はありません。

しかし、ガンマ関数 $\varGamma(s)$ は、値が無限大になる極が、$s=0, -1, -2, \cdots$ に存在します。このことから、s の実部が負（<0）の時、(4.13) 式の右辺の分母の $\varGamma\left(\dfrac{s}{2}\right)$ の極が、$s=-2, -4, \cdots$ にあることがわかります。これらの分母の極が $\dfrac{1}{\infty}=0$ なので $\zeta(s)$ の零点になります。結局、$\sigma<0$ の範囲での $\zeta(s)$ の零点は、$s=-2, -4, \cdots$ です。これらの零点は、$\zeta(s)$ の**自明な零点**と呼ばれます。自明とは簡単にわかるという意味です。そのように書くと反論も出そうですが、なぜこのように呼ぶのかは、以下をしばらく読むと分かります。

③ $s=0$ の時

　$\zeta(0)$ が有限の値 $-\dfrac{1}{2}$ となることは少し前でも使いましたが、付録3で簡単に説明します。したがって、$s=0$ は $\zeta(s)$ の零点ではありません。

④残りの場合

　さて、残りの場合です。これは、s の実部 σ が0以上1以下で、ただし、$s=1$ と $s=0$ は除く範囲です。後の2点に関しては、$s=1$ では $\zeta(s)$ は極を持ち、③でも触れたとおり $\zeta(0)$ が $-\dfrac{1}{2}$ ですから、これらは $\zeta(s)$ の零点ではないことがわかっています。この範囲は、複素平面上では上下に伸びる帯状の範囲で、**臨界領域**（critical strip）と呼ばれます。この中のどこが零点かは、これまでに説明した内容だけではわかりません。$\pi(x)$ の式を得るためにこの範囲で零点がどこにあるかなんて関係ないのな

第4章 リーマン予想とは

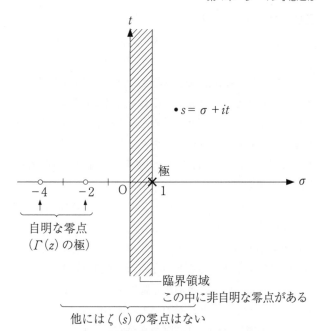

図4.3 ゼータ関数の零点の分布（1859年時点）

らどうでもよいのですが、実際には話は逆で、リーマンの論文の目的である素数の出現の様子を表す $\pi(x)$ の式を得るためには、この臨界領域で零点がどこにあるかという情報が決定的に重要です。このことは次章で詳しく説明します。

さて、この場合をリーマンはどのように考えたのでしょうか。知りたい人は先へ急ぎましょう。

■ リーマン予想の誕生

実は、リーマンにも零点の場所は突き止められなかったのです。

リーマンは、**臨界領域の中の全ての零点の実部は 1/2 であることがほとんど確実で、これを厳密に証明することが望ましいけれども、何度か試みたが失敗したので、ひとまず証明を追究するのは止めておく**、と記しています。その理由は、この研究の目的にとって必要ではないからである、としています。

今に至る未解決問題、リーマン予想の誕生の瞬間です。

2段落前の文章をさらっと読むと、負け惜しみのような感じがしますねえ。しかし、よく考えてください。全ての零点の実部は1/2であるというのは、零点はある一つの直線の上にあるということです。臨界領域のどこにあるかわからないということと、その中の一本の直線の上にあるということの間にはかなりの隔たりがあります。どうせ負け惜しみだから、人があっと驚く内容にしてしまえというのでしょうか。そうだとしてもかなりの勇気がいることだと思います。実際には、リーマンはかなり確信していたことが後に明らかになったことを第6章で説明します。

■ 臨界線と $\zeta(s)$ の対称性

リーマンは、臨界領域の中の全ての零点の実部は1/2であると予想しました。実部1/2の複素数の全体は、複素平面上で垂直方向の一本の直線になります。つまり、臨界領域の中の全ての零点は、ある一本の直線上にあると、リー

マンは言うのです。この直線は、**臨界線**（critical line）と呼ばれます。

実は1/2には大きな意味があることが、関数等式を見るとわかります。臨界領域の中の全ての零点は $s=1/2$ を中心として、点対称に分布していることがわかるのです。そのことを確かめるために、再び、(4.13)式

$$\zeta(s) = \frac{\Gamma\left(\frac{1-s}{2}\right)}{\Gamma\left(\frac{s}{2}\right)} \pi^{s-1/2} \zeta(1-s) \tag{4.13}$$

を使います。

まず、s の実部が0以上1以下の場合、$1-s$ の実部もこの範囲にあります。s が臨界領域の中にあれば、$1-s$ も臨界領域の中にあるわけです。これを確かめるには、上の②での説明を真似します。そこでは、複素数 s の実部が負の時、$1-s$ の実部は1より大きくなることを説明しました。

同様にして s の実部が0以上の時 $1-s$ の実部は1以下になることが次のようにしてわかります：$s = \sigma + ti$（σ, t は実数で、$\sigma \geq 0$）と書くと、

$$1-s = 1-(\sigma+ti) = (1-\sigma)-ti$$

となるので、$1-s$ の実部は $(1-\sigma)$ です。そして、$\sigma \geq 0$ なら、$-\sigma \leq 0$ なので、$1-\sigma \leq 1$ です。

また、s の実部が1以下の時 $1-s$ の実部は0以上になることも次のようにしてわかります：$s = \sigma + ti$（σ, t は実数で、$\sigma \leq 1$）と書くと、上と同じく $1-s$ の実部は $(1-\sigma)$ です。そして、$\sigma \leq 1$ なら $-\sigma \geq -1$ なので、$1-\sigma \geq 0$

です。

　以上2つを合わせると、s の実部が0以上1以下の場合、$1-s$ の実部も0以上1以下であることがわかるわけです。

　そして、この時、s が $\zeta(s)$ の零点であれば $1-s$ も $\zeta(s)$ の零点になり、逆に $1-s$ が $\zeta(s)$ の零点であれば s も $\zeta(s)$ の零点になることが (4.13) 式を見るとわかります。それは、この範囲で、$\varGamma\left(\dfrac{1-s}{2}\right)$ も $\varGamma\left(\dfrac{s}{2}\right)$ も $\pi^{s-1/2}$ も決して0にならないからです。このことを、順に見ていきましょう。なお、$s=0,\ 1$ は除いて考えます。それらは零点ではありませんでした。

　まず、$\varGamma\left(\dfrac{1-s}{2}\right)$ は常に0になりません。極を持ちますが、それらは、$s=1,\ 3,\ 5,\ \cdots$ で、臨界領域の外です。$\varGamma\left(\dfrac{s}{2}\right)$ も、②で調べたとおり $s=0,\ -2,\ -4,\ \cdots$ で1位の極を持ちますが、これらも、臨界領域の外です。そして、これも②で調べたとおり $\pi^{s-1/2}=\exp\left(\left(s-\dfrac{1}{2}\right)\log \pi\right)$ は指数関数なので、その値も決して0にはなりません。

　こうして、s が臨界領域の中にある $\zeta(s)$ の零点なら、$1-s$ も臨界領域の中にある $\zeta(s)$ の零点であることがわかりました。この2点は、複素平面上で点 $1/2$ を中心として、点対称に位置しています。このことは、次の式をみるとわかります（図4.4参照）。

$$(1-s)-\frac{1}{2}=-\left(s-\frac{1}{2}\right) \tag{4.14}$$

　複素平面上では、複素数の足し算・引き算は、対応する

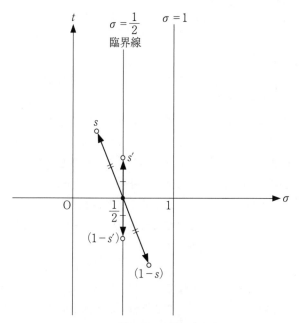

図4.4 非自明な零点の対称性

平面ベクトルの足し算・引き算に他ならないことから、左辺は、点1/2を始点として$1-s$を終点とするベクトルに対応し、右辺の$(s-1/2)$は、点1/2を始点としてsを終点とするベクトルに対応しています。そして、(4.14)式は、この2つのベクトルが、長さが等しく向きが反対であることを示しています。これは、sと$1-s$が点1/2を中心として、点対称に位置していることを示しています。

特に、sの虚部と、$1-s$の虚部は、大きさが等しく逆の符号を持っています。つまり、臨界領域の中では、零点は

実軸の上下に対となって存在しているのです。

■第4章のまとめ

さて、これでとにもかくにもリーマン予想の説明がすんだので本書は終わりにしてもよいのですが、リーマンの論文には続きがあるので、本書ももう少し続けることにします。ぜひ、おつきあいください。もちろん、リーマン予想が何だかわかったからもういいや、ということで本書をここで閉じていただいても構いません。でも、続きには、もっと興味深い話もきっと出てくると思いますよ。

そこで第5章にすぐにでも行きたいところですが、その前に一つお役立ち情報です。

実は、臨界領域の中でも、実軸の部分には $\zeta(s)$ の零点はありません。s が実数で $0<s<1$ なら $\zeta(s)$ は0にならないということです。このことは、次の式が成り立つことからわかります。

$$\left(1-\frac{1}{2^{s-1}}\right)\left(\sum_{n=1}^{\infty}\frac{1}{n^s}\right) = 1 - \frac{1}{2^s} + \frac{1}{3^s} - \frac{1}{4^s} + \frac{1}{5^s} - \cdots \quad (s>1)$$

(4.15)

もちろん、この式は $s>1$ の時に正しい式です。でも、右辺は $s>0$ なら有限の値に収束し、左辺の $\left(1-\frac{1}{2^{s-1}}\right)$ ももちろん有限の値で $s=1$ に対しては0になりますが、それ以外では0になりません。そこで、$0<s<1$ に対しても $\zeta(s)$ は次の式に等しいはずです。そしてその値は0にはなりません。

第4章 リーマン予想とは

$$\zeta(s) = \frac{1 - \frac{1}{2^s} + \frac{1}{3^s} - \frac{1}{4^s} + \frac{1}{5^s} - \cdots}{1 - \frac{1}{2^{s-1}}}$$

$$= \frac{1 - \frac{1}{2^s} + \frac{1}{3^s} - \frac{1}{4^s} + \frac{1}{5^s} - \cdots}{1 - 2^{1-s}} \quad (s>0) \quad (4.16)$$

$0<s<1$ に対しては、(4.16) 式の右辺で分子は正、そして $(1-s)$ が正になるので 2^{1-s} は 1 より大きくなり分母は負になります。このことから $\zeta(s)$ の値は $0<s<1$ に対しては、負になることがわかります。

さて、それで、どうして (4.15) 式が成り立つかですが、ぜひ、考えてみてください。

ヒント:以下が成り立ちます。

$\sum_{n=1}^{\infty} \frac{1}{n^s} = 1 + \frac{1}{2^s} + \frac{1}{3^s} + \frac{1}{4^s} + \frac{1}{5^s} + \cdots$ なので

$$\frac{1}{2^{s-1}} \sum_{n=1}^{\infty} \frac{1}{n^s} = 2 \cdot \left(\frac{1}{2^s} \sum_{n=1}^{\infty} \frac{1}{n^s} \right)$$

$$= 2 \cdot \frac{1}{2^s} \cdot \left(1 + \frac{1}{2^s} + \frac{1}{3^s} + \frac{1}{4^s} + \frac{1}{5^s} + \cdots \right)$$

$$= 2 \cdot \left(\frac{1}{2^s} + \frac{1}{2^s} \cdot \frac{1}{2^s} + \frac{1}{2^s} \cdot \frac{1}{3^s} + \frac{1}{2^s} \cdot \frac{1}{4^s} + \frac{1}{2^s} \cdot \frac{1}{5^s} + \cdots \right)$$

$$= 2 \cdot \left(\frac{1}{2^s} + \frac{1}{4^s} + \frac{1}{6^s} + \frac{1}{8^s} + \frac{1}{10^s} + \cdots \right)$$

となります。さて、わかりましたか?

第5章　リーマンの素数公式とは

　リーマンは、ゼータ関数 $\zeta(s)$ から第1章で登場した $J(x)$ を求める式

$$J(x) = \frac{1}{2\pi i} \int_{a-\infty i}^{a+\infty i} \frac{\log \zeta(s)}{s} x^s ds \quad (a>1)$$

$$(1.4) = (4.3)$$

を用いて $J(x)$ を求め、$\pi(x)$ の具体的な式を求めたいのですが、実際には、(4.3) 式を直接計算することはせず、次の式

$$J(x) = -\frac{1}{2\pi i} \cdot \frac{1}{\log x} \int_{a-\infty i}^{a+\infty i} \frac{d}{ds} \left[\frac{\log \zeta(s)}{s} \right] x^s ds \quad (a>1)$$

$$(5.1)$$

で計算をすすめます。この式は、(4.3) 式の右辺を**部分積分**したものです。(4.3) 式を直接計算した時に発生する、積分の値が無限大になる項同士が打ち消し合うようにしたものです。

　しかし、このように被積分関数が変化してしまうと、前

章で (4.3) 式の被積分関数 $\dfrac{\log \zeta(s)}{s} x^s$ の特異点であるゼータ関数の極や零点を調べてきたことは、意味がなくなるのではないかと思えます。しかしリーマンは、ここで驚くべき主張をします。ゼータ関数は、極と零点の位置を直接に使った式で書ける、というのです。すると、その式を被積分関数の $\zeta(s)$ に直接代入すれば $J(x)$ の式を求める計算が進められることになり、最終的に $\pi(x)$ の式を求めることができます。

リーマンは、ゼータ関数を**積表示**と呼ばれるこんな式で表すことができることを発見しました。

$$\zeta(s) = \frac{\pi^{s/2}}{\Gamma\left(\dfrac{s}{2}\right) s (s-1)} \left\{ \prod_{\rho\,:\,\zeta(s)\text{の非自明な零点}} \left(1 - \frac{s}{\rho}\right) \right\} \quad (5.2)$$

右辺の後ろ半分が、ゼータ関数の零点の情報を直接に使った部分です。$\displaystyle\prod_{\rho\,:\,\zeta(s)\text{の非自明な零点}} \left(1 - \frac{s}{\rho}\right)$ は、第 4 章で説明した $\zeta(\rho)=0$ となる点、すなわちゼータ関数の零点 ρ のうち、$\rho = -2,\ -4,\ \cdots$ 以外の、非自明な零点と呼ばれる全ての ρ に対して $\left(1 - \dfrac{s}{\rho}\right)$ を作り、それらを全てかけ合わせたものを表しています。なお、自明な零点 $\rho = -2,\ -4,\ \cdots$ は、分母の $\Gamma\left(\dfrac{s}{2}\right)$ の極として入っています。また、極 $s=1$ は、分母の $s-1$ の零点として入っています。

(5.2) 式によると、ゼータ関数の零点と極を知ることは、その積分を求めるために使えるだけにとどまらず、そ

れらがわかれば、その情報を直接に使ってゼータ関数そのものを書き表すことができるというのです。この章では、(5.2) 式の説明と、これを使って $\pi(x)$ の式を求めることを説明します。リーマンの所期の目的が達成される部分です。

実は、複素関数の特異点の情報は、その関数を決定する重要な情報であるということは、リーマンの信念のようなものだったようです。リーマンは複素関数論を深く研究していましたから、エキスパートの到達した奥義と言ってもよいのかもしれません。

また、(5.2) 式の右辺の後半部分を見るとゼータ関数は有理式に似ていると言うことができます。どんな正則関数でもこのように書けるわけではもちろんありません。(5.2) 式のように書き表すことができるということは、リーマンの信念が、ゼータ関数に対しては顕著に当てはまったというわけです。

5.1 ゼータ関数の積表示
■グザイ関数 $\xi(s)$ を作る

(5.2) 式の意味を説明するために、次の式で定義されるグザイ関数 $\xi(s)$ を考えましょう。ξ はグザイと読むギリシャ文字です。

$$\xi(s) = \frac{s(s-1)}{2} \cdot \Gamma\left(\frac{s}{2}\right) \pi^{-s/2} \zeta(s) \tag{5.3}$$

これは、第4章で説明したリーマンのゼータ関数の関数等

第5章 リーマンの素数公式とは

式 (4.11)

$$\Gamma\left(\frac{s}{2}\right)\pi^{-s/2}\zeta(s) = \Gamma\left(\frac{1-s}{2}\right)\pi^{-(1-s)/2}\zeta(1-s)$$

$$(5.4) = (4.11)$$

の左辺に $s(s-1)/2$ をかけたものを $\xi(s)$ としたものです。この $\xi(s)$ を使うと、リーマンの関数等式は、

$$\xi(s) = \xi(1-s) \tag{5.5}$$

と表されることになります。

このことは、$s(s-1)/2$ の s を $(1-s)$ に置き換えても、

$$\frac{(1-s)((1-s)-1)}{2} = \frac{(1-s)(1-s-1)}{2} = \frac{(1-s)(-s)}{2}$$
$$= \frac{s(s-1)}{2}$$

となって、式が変わらないことからわかります。詳しくは、下の囲みの中をご覧ください。

$$\xi(s) = \frac{s(s-1)}{2} \cdot \Gamma\left(\frac{s}{2}\right)\pi^{-s/2}\zeta(s)$$

で、s を $1-s$ で置き換えると

$\xi(1-s)$
$= \dfrac{(1-s)((1-s)-1)}{2} \cdot \Gamma\left(\dfrac{1-s}{2}\right)\pi^{-(1-s)/2}\zeta(1-s)$

$$= \frac{s(s-1)}{2} \cdot \Gamma\left(\frac{1-s}{2}\right) \pi^{-(1-s)/2} \zeta(1-s)$$

となりますが、これは、関数等式 (5.4) の右辺に $s(s-1)/2$ をかけたものですから、左辺に $s(s-1)/2$ をかけた $\xi(s)$ に等しくなります。

(5.5) 式を見ると、$\xi(s)$ の対称性がはっきりします。特に、$\xi(s)$ の極と零点は、$s=1/2$ に関して対になって存在することがすぐにわかります。前章では、臨界帯の中にある $\zeta(s)$ の零点についてこのような対称性を調べましたが、同様の議論で、しかしそれより簡単にわかります。

さて、以下で、$\xi(s)$ の極と零点を調べますが、先に結論を書いておくと、$\xi(s)$ には極はなく、零点は $\zeta(s)$ の非自明な零点と同じなのです。

■$\xi(s)$ の極

関数 $\xi(s)$

$$\xi(s) = \frac{s(s-1)}{2} \cdot \Gamma\left(\frac{s}{2}\right) \pi^{-s/2} \zeta(s) \tag{5.3}$$

の極は、存在するとすれば、$\Gamma\left(\frac{s}{2}\right)$ の極か $\zeta(s)$ の極です。それぞれ調べていきましょう。

① $\Gamma\left(\frac{s}{2}\right)$ の極

第4章で調べたように $\Gamma\left(\frac{s}{2}\right)$ は、$s=0, -2, -4, \cdots$ で1位の極を持ちます。しかし、同じところで調べた

とおり $s = -2, -4, \cdots$ では $\zeta(s)$ が自明な零点と呼ばれる1位の零点を持つので、かけ合わせると、$s = 0$ 以外では極を持ちません。$s = 0$ では極を持ちますが、1位ですから、(5.3) 式の右辺のとおり、s をかけてしまえば、打ち消し合ってこの極も消えます。

② $\zeta(s)$ の極

これも第4章で調べたように、$s = 1$ が唯一の極でそれは1位の極でした。1位ですから、これも (5.3) 式の右辺のとおり、$(s-1)$ をかけてしまえば、打ち消し合ってこの極もなくなります。

①と②から、$\zeta(s)$ には、極は存在しません。このような全ての複素数において正則で、どこにも極を持たない関数は、特に**整関数**と呼ばれることがあります。多項式関数や指数関数、正弦関数、余弦関数も整関数です。

■ $\xi(s)$ の零点

次に、

$$\xi(s) = \frac{s(s-1)}{2} \cdot \Gamma\left(\frac{s}{2}\right) \pi^{-s/2} \zeta(s) \qquad (5.3)$$

の零点を調べましょう。

まず、正体が指数関数の $\pi^{-s/2}$ と、$\Gamma\left(\dfrac{s}{2}\right)$ は、決して0にはなりません。

多項式の $s(s-1)$ は、$s = 0$ と 1 で 0 になります。しか

し、(5.3) 式の右辺のとおり $\Gamma\left(\frac{s}{2}\right)$ および $\zeta(s)$ とかけ合わせると、上で調べたように $s=0$ では $\Gamma\left(\frac{s}{2}\right)$ の極と打ち消し合って、$s=1$ では $\zeta(s)$ の極と打ち消し合って、いずれも $\zeta(s)$ の零点ではなくなっています。

結局、$\xi(s)$ の零点となる可能性があるのは、$\zeta(s)$ の零点だけです。しかしそのうち自明な零点と呼ばれる $s=-2, -4, \cdots$ では、$\Gamma\left(\frac{s}{2}\right)$ が極を持つことから (5.3) 式の右辺のようにこれを $\zeta(s)$ とかけ合わすと、打ち消し合って零点ではなくなります。一方、第4章で説明した非自明な零点と呼ばれる零点では、(5.3) 式の右辺の他の因数とは打ち消し合いません。つまり、$\xi(s)$ の零点は $\zeta(s)$ の非自明な零点に他ならないことになります。それらは臨界帯の中にあり、$s=1/2$ に関して対になって存在するということは、これまでに説明しました。

■(5.2) 式のからくり

(5.3) 式の右辺の $\zeta(s)$ に、(5.2) 式の右辺を代入すると、結局、(5.3) 式は、次の式と同じことになります:

$$\xi(s) = \frac{1}{2} \prod_{\rho:\zeta(s)\text{の非自明な零点}} \left(1 - \frac{s}{\rho}\right) \tag{5.6}$$

上で調べたように $\xi(s)$ の零点と $\zeta(s)$ の非自明な零点は一致することと、実は、$\xi(0) = \frac{1}{2}$ であることとを考え合わせると、(5.6) 式は、以下を主張していることに他なりません。

$$\xi(s) = \xi(0) \prod_{\rho : \xi(\rho) = 0} \left(1 - \frac{s}{\rho}\right) \tag{5.7}$$

右辺の $\prod_{\rho : \xi(\rho) = 0} \left(1 - \frac{s}{\rho}\right)$ は、$\xi(\rho) = 0$ となる全ての ρ に対して $\left(1 - \frac{s}{\rho}\right)$ を作り、それらを全てかけ合わせたものを表しています。

(5.7) 式は、関数 $\xi(s)$ が無限次数の多項式に他ならないことを主張しています。実際、次に説明するように、多項式は、(5.7) 式と同様に書き表すことができます。

■多項式の積表示

例として、2次式を (5.7) 式と同様に書き表してみましょう。同様の説明は、次数が3以上の場合でも通用します。

一般の2次式を $p(s) = as^2 + bs + c$ としましょう。ただし、$a = 0$ なら1次式になってしまうので、$a \neq 0$ とします。

この $p(s)$ に対して、(5.7) 式の右辺の形の表現

$$p(s) = p(0) \prod_{\rho : p(\rho) = 0} \left(1 - \frac{s}{\rho}\right) \tag{5.8}$$

が可能なことは、以下のとおりにしてわかります。ただし、$p(s)$ は、$s = 0$ を解に持たないとします。つまり、$p(0) = c \neq 0$ とします。

さて、$p(s) = 0$ の解は、s が複素数の範囲でなら、第3

章で説明した代数学の基本定理から、$p(s)$ の次数に等しく2個存在します。ただし、重解はその重複度に等しい個数あると考えます。これらを α、β と表しましょう。重解の場合は、$\alpha = \beta$ です。すると、

$$p(s) = a(s-\alpha)(s-\beta) \tag{5.9}$$

と書けます。

(5.9) 式の右辺で、各因数の中の s と α あるいは β を入れ替えると：

$$\begin{aligned} p(s) &= a(s-\alpha)(s-\beta) \\ &= a(\alpha-s)(\beta-s) \\ &= a(-1)^2(\alpha-s)(\beta-s) \end{aligned} \tag{5.10}$$

と書けます。(5.10) 式の最後の辺にかかっている $(-1)^2$ は、2次式に限らず一般の次数の多項式の場合を意識したものです。因数の中の s と α あるいは β を入れ替えることは、その因数に (-1) をかけることに他なりません。n 次式に対しては、$(-1)^n$ になります。

さて、$p(s)=0$ の解は0ではないとしましたから、α、β はいずれも0ではないので、(5.10) 式は、さらに：

$$p(s) = (-1)^2 a\, \alpha\, \beta \left(1-\frac{s}{\alpha}\right)\left(1-\frac{s}{\beta}\right) \tag{5.11}$$

と書けます。かなり (5.8) 式に近付いてきました。ここで、$s=0$ とすると

$$p(0) = (-1)^2 a\,\alpha\,\beta$$

ですから、(5.11) 式の右辺は、$p(0)\left(1-\dfrac{s}{\alpha}\right)\left(1-\dfrac{s}{\beta}\right)$ と書けます。これは、(5.8) 式の右辺に他なりません。

■オイラーの研究

(5.7) の形の式は、リーマン以前にも例があります。それは、オイラーによる

$$\sin z = z \prod_{n=1}^{\infty}\left(1-\frac{z^2}{n^2\pi^2}\right) \tag{5.12}$$

です。確かに、複素数 z に対して $\sin z = 0$ となるのは、$z = n\pi$ $(n = 0, \pm 1, \pm 2, \cdots)$ ですから、(5.12) 式は、(5.7) 式に対応していることがわかります。よく見ると少し形が異なっていますが、これは、$z = 0$ も $\sin z = 0$ の解だからです[1]。

実は (5.12) 式を出発点にして、オイラーは $\zeta(2) = \pi^2/6$、$\zeta(4) = \pi^4/90$ などを求めたのです。

■ゼータ関数の非自明な零点の分布

整関数 $\zeta(s)$ が、その零点 ρ を使って、

---

1 (5.7) 式で、$\zeta(s)$ を $\sin z$ と考えると、$\zeta(0)$ に対応する $\sin 0$ が 0 に等しいのでどうしてよいかわからなくなりますが、$\zeta(s)$ を $\dfrac{\sin z}{z}$ として考えれば、$\zeta(0)$ に対応するのは $\lim\limits_{z \to 0}\dfrac{\sin z}{z}$ で、これは 1 に等しいから (5.12) 式が (5.7) 式に対応することがわかります。一般に、$\zeta(s)$ が $s=0$ を零点に持つ場合 (5.7) 式は、同様に考えればよいのです。

$$\xi(s) = \xi(0) \prod_{\rho:\xi(\rho)=0} \left(1 - \frac{s}{\rho}\right) \tag{5.7}$$

と書き表すことができると言いましたが、厳密な話をすると、零点が無限にあると、(5.7) 式の右辺は無限個の因数の積なので、収束して有限の値を表すのかどうかが問題となります。

当然リーマンはその点のチェックも怠っていません。彼は、この点を調べるために、**偏角の原理**と呼ばれる複素関数論の定理を使いました。偏角の原理も、これまでに登場したコーシーの定理や留数の定理と同じく、複素関数論の基本的な定理です。この定理を使うのは、通常は練習問題を解く時です。しかし、リーマンのこの論文では、数学的にとても興味深い問題を研究するために利用されているのです。これほど見事な応用例はあまりありません。

偏角の原理とは、以下の事柄です。

$\dfrac{1}{2\pi i} \cdot \dfrac{f'(s)}{f(s)}$ を積分した結果は、積分路の中にある関数 $f(z)$ の零点の個数から極の個数を引いたものに等しい。n 位の零点は n 個、n 位の極は n 個に勘定する。

$\xi(s)$ の零点は、$\zeta(s)$ の零点のうち、臨界領域の中にあるものだけですから、偏角の原理を使って虚部が 0 以上 T 以下の零点の個数を見積もるには、$\dfrac{1}{2\pi i} \cdot \dfrac{\xi'(s)}{\xi(s)}$ を、図5.1に示す、4 点 $(0, 0)$、$(1, 0)$、$(1, T)$、$(0, T)$ を頂点とする長方形の縁に沿って積分します。ただし、向きは反

第5章 リーマンの素数公式とは

時計回りとします。この時、長方形の左の辺、右の辺、下の辺の上には $\zeta(s)$ の零点はありませんから $\frac{1}{2\pi i} \cdot \frac{\zeta'(s)}{\zeta(s)}$ を積分することは可能であり、臨界帯の中の零点で虚部が0より大きくTより小さいものは全てこの長方形の中に入っています。上の辺は運悪く零点を通るかもしれませんが、ここではTを変数と考えて、だいたいの値を議論するので、気にする必要はありません。

今、「おやっ」と思った方は、第4章を注意深く読まれた方ですね。実は、実部が0または1の零点が存在しないことは、リーマンの死後明らかになったことなので、リーマンは長方形の横幅を図5.1のものより少し大きくしています。しかし、簡単のためにここではこの事実を使ってしまいます。コーシーの定理から積分の値は同じだからです。

なお、リーマンのもともとの目的だった素数定理は、後にこの事実から証明されます。リーマン予想よりはるかに弱い感じのする事実から証明されたわけです。また、下の辺の上に $\zeta(s)$ の零点が存在しないことは、前章の最後に説明したことです。$\zeta(s)$ の零点とは $\zeta(s)$ の非自明な零点に他ならないからです。

積分の結果について、リーマンは、およそ、$\frac{T}{2\pi} \log \frac{T}{2\pi} - \frac{T}{2\pi}$ であると記しています。厳密には、フランスの数学者アダマールによって1893年に証明されました。(5.7) 式のように、$\zeta(s)$ を無限次の多項式として表すことができることも同時に証明されました。

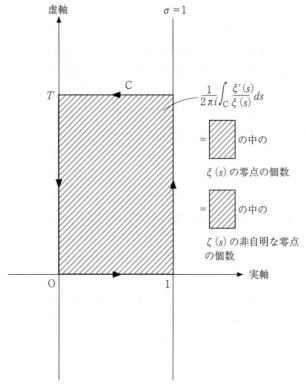

図5.1 ゼータ関数の非自明な零点の個数を見積もるための積分路

5.2 素数公式

こうして、リーマンは、ゼータ関数の積表示 (5.2) を携えて、いよいよ、$J(x)$ を $\zeta(s)$ で表す式の計算に取りかかります。$J(x)$ の計算ができれば、メビウス変換を使って、

素数の個数を表す関数 $\pi(x)$ の式を求めることができます。これが、リーマンの目的でした。

■$J(x)$ を $\zeta(s)$ から計算する

以下しばらく、本書の中では最も複雑な数式が連続します。計算結果は141ページの (5.15) 式です。初めて読む時や数式が苦手な方は、そこまで飛ばして、結果を絵画だと思って眺めてください。その場所で鑑賞のポイントを説明します。もっとも絵画と言っても、バリバリの抽象絵画なので多少覚悟してください。

さて、本章の冒頭で説明したとおり、リーマンは $J(x)$ を計算するのに、実際には (5.1) 式

$$J(x) = -\frac{1}{2\pi i} \cdot \frac{1}{\log x} \int_{a-\infty i}^{a+\infty i} \frac{d}{ds}\left[\frac{\log \zeta(s)}{s}\right] x^s ds \quad (a>1) \tag{5.1}$$

を使いました。この右辺の $\zeta(s)$ のところに (5.2) 式

$$\zeta(s) = \frac{\pi^{s/2}}{\Gamma\left(\frac{s}{2}\right)s(s-1)} \left\{ \prod_{\rho:\,\zeta(s)の非自明な零点} \left(1-\frac{s}{\rho}\right) \right\} \tag{5.2}$$

を代入して計算します。ただし、ガンマ関数の関係式 $\Gamma(z)=(z-1)\Gamma(z-1)$（3.2節参照）で、$z=\frac{s}{2}+1$ とおいた $\Gamma\left(\frac{s}{2}+1\right) = \frac{s}{2}\Gamma\left(\frac{s}{2}\right)$ を使って、(5.2) 式を、

$$\zeta(s) = \frac{\pi^{s/2}}{2\Gamma\left(\frac{s}{2}+1\right)(s-1)}\left\{\prod_{\rho:\,\zeta(s)\text{の非自明な零点}}\left(1-\frac{s}{\rho}\right)\right\} \quad (5.2)'$$

と書き換えておきます。

(5.1) 式の右辺に代入するには、$\log \zeta(s)$ を計算する必要があります。(5.2)′ 式から、

$$\log \zeta(s) = \frac{s}{2}\log \pi - \log 2 - \log \Gamma\left(\frac{s}{2}+1\right) - \log(s-1)$$
$$+ \sum_{\rho} \log\left(1 - \frac{s}{\rho}\right) \quad (5.13)$$

となります。後はこの (5.13) 式を s で割り、それを s で微分し、その結果に x^s をかけ s で積分し、$-\frac{1}{2\pi i}\cdot\frac{1}{\log x}$ をかけると、ついに $J(x)$ の式を手にすることができます。

(5.13) 式を (5.1) 式に代入すると、(5.1) 式の先頭に負号がついていることに注意して

$$J(x) = -\frac{1}{2\pi i}\cdot\frac{1}{\log x}\int_{a-\infty i}^{a+\infty i}\frac{d}{ds}\left[\frac{s}{2}\cdot\frac{\log \pi}{s}\right]x^s ds$$

$$+\frac{1}{2\pi i}\cdot\frac{1}{\log x}\int_{a-\infty i}^{a+\infty i}\frac{d}{ds}\left[\frac{\log 2}{s}\right]x^s ds$$

$$+\frac{1}{2\pi i}\cdot\frac{1}{\log x}\int_{a-\infty i}^{a+\infty i}\frac{d}{ds}\left[\frac{\log \Gamma\left(\frac{s}{2}+1\right)}{s}\right]x^s ds$$

$$+\frac{1}{2\pi i}\cdot\frac{1}{\log x}\int_{a-\infty i}^{a+\infty i}\frac{d}{ds}\left[\frac{\log(s-1)}{s}\right]x^s ds$$

第5章 リーマンの素数公式とは

$$-\frac{1}{2\pi i} \cdot \frac{1}{\log x} \int_{a-\infty i}^{a+\infty i} \frac{d}{ds}\left[\frac{\sum \log\left(1-(s/\rho)\right)}{s}\right] x^s ds \quad (5.14)$$

を計算することになります。

途中経過は後の囲みにまとめるとして、結果は以下のようになります。ただし、項の順番が囲みの中とは違うので注意してください。

$$J(x) = Li(x) - \left(\sum_{\rho:\zeta(s)\text{の非自明な零点}} Li(x^\rho)\right) + \int_x^\infty \frac{dt}{t(t^2-1)\log t} - \log 2$$
$$(x>1) \quad (5.15)$$

これをメビウス変換すれば、素数を表す関数 $\pi(x)$ の式が得られます。ただし、ゼータ関数の非自明な零点の位置、すなわち ρ が全てわからない限り完全な公式とはなりません。リーマン予想が解けない限り完成しない式なのです。

途中経過は以下のとおりとなります。

$$(\text{第1項}) = -\frac{1}{2\pi i} \cdot \frac{1}{\log x} \int_{a-\infty i}^{a+\infty i} \frac{d}{ds}\left[\frac{\log \pi}{2}\right] x^s ds = 0$$

被積分関数の中の、s によって微分される関数 $\log \pi/2$ は、定数だからです。

第2項と第3項、第4項、第5項は、本書では計算の詳細は省略します。これらは、同類の積分なので、共通の理屈で計算されるとだけ言っておきましょう。また、第5項が、$\zeta(s)$ の非自明な零点が登場する部

分です。

$$(\text{第2項}) = \frac{1}{2\pi i} \cdot \frac{1}{\log x} \int_{a-\infty i}^{a+\infty i} \frac{d}{ds}\left[\frac{\log 2}{s}\right] x^s ds = -\log 2$$

$$(\text{第3項}) = \frac{1}{2\pi i} \cdot \frac{1}{\log x} \int_{a-\infty i}^{a+\infty i} \frac{d}{ds}\left[\frac{\log \Gamma\left(\frac{s}{2}+1\right)}{s}\right] x^s ds$$

$$= \int_x^\infty \frac{dt}{t(t^2-1)\log t}$$

$$(\text{第4項}) = \frac{1}{2\pi i} \cdot \frac{1}{\log x} \int_{a-\infty i}^{a+\infty i} \frac{d}{ds}\left[\frac{\log(s-1)}{s}\right] x^s ds$$

$$= Li(x)$$

$$(\text{第5項}) = -\left(\sum_{\rho:\zeta(s)\text{の非自明な零点}} Li(x^\rho)\right)$$

第4項、第5項に出てくる $Li(x)$ は、**対数積分**と呼ばれる関数で、後で少し説明します。

あとは、(5.15) 式を、$\pi(x)$ を $J(x)$ から計算する式に代入すればよいのですが、その前に、(5.15) 式の各項について少し説明しましょう。x が増えるにしたがって、それぞれの項がどのように変化するのかについて調べていくことにします。それは、x が小さい時には $\pi(x)$ の値は具体的にわかるので、x が大きくなった時に $\pi(x)$ の値がどのようになるのかこそが真に問題とすべきことだからです。そして、詳しくは後で説明しますが、x が大きくなった時の $\pi(x)$ の値を計算するには、$J(x)$ も同様に x が大きくなっ

た時の値が必要になります。そこで、(5.15) 式の各項が、x が大きくなった時にどのようになるかを知ることが重要になるのです。

■**対数積分 $Li(x)$**

(5.15) 式の第1項と第2項に登場する $Li(x)$ は、対数積分と呼ばれる関数です。$Li(x)$ は $\int_0^x \frac{dt}{\log t}$ のことなのですが、被積分関数の $\frac{1}{\log t}$ のグラフは図5.2のとおりで、途中の $t=1$ で値が発散してしまうので、正確には、その前後では極限を考えて、次の式で定義します[2]。

$$Li(x) = \lim_{\varepsilon \downarrow 0} \left[\int_0^{1-\varepsilon} \frac{dt}{\log t} + \int_{1+\varepsilon}^x \frac{dt}{\log t} \right] \quad (5.16)$$

「$\varepsilon \downarrow 0$」という記号は、正の数 ε を、どんどん小さくしていくということです。$1-\varepsilon$ は1より小さい方から1に近付き、$1+\varepsilon$ は1より大きい方から1に近付くことを表しています。

この対数積分 $Li(x)$ は、素数の分布と縁のある関数です。$Li(x)$ は、$\pi(x)$ をとてもよく近似する関数として以前から知られていましたが、そのことを証明するのがリーマンの目的だったことは、第1章で説明したとおりです。

---

[2] 第2項では、複素数の関数になっていますが、これをどう考えればよいかは省略します。

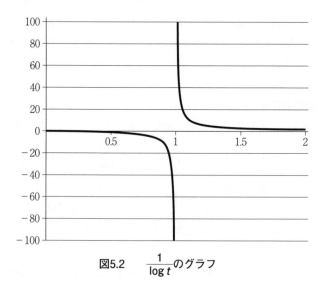

図5.2　$\dfrac{1}{\log t}$ のグラフ

　関数 $Li(x)$ のグラフは、図5.3のようになります[3]。$Li(x)$ の値は、$0<x<1$ の範囲では負の値でどんどん減少していきますが、$x>1$ となるとどんどん増加し、最終的には無限大になることが知られています。$Li(x)$ のグラフが x 軸を横切っている点は $x \fallingdotseq 1.45$ です。ただし、素数の研究の点からは、最小の素数が2ですから $x \geqq 2$ で考えればよいので、$Li(x)$ の値は正で、x の増加とともにどんどん増加するということを憶えておけば十分です。

　なお、同じ理由で対数積分としては、$Li(2) \fallingdotseq 1.045$ を用いて、$Li(x) - Li(2)$ を考え、こちらを記号 $Li(x)$ で表す

---

[3] Keisan（生活や実務に役立つ計算サイト、カシオ計算機株式会社による）で作成。

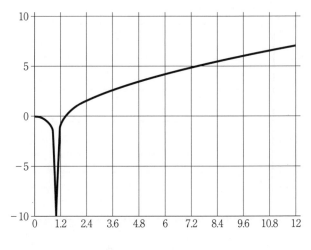

図5.3 $Li(x)$ のグラフ

こともあります。その場合、(5.16) 式で定義される関数は $li(x)$ と小文字を用いて表されることもあるので注意が必要です。

■後ろの２項は定数とみなせる

(5.15) 式の第３項の $\int_x^\infty \dfrac{dt}{t(t^2-1)\log t}$ の値は、x が大きくなると小さくなります。被積分関数 $\dfrac{1}{t(t^2-1)\log t}$ は図5.4 のとおり、常に値が正で、x が大きくなると $\int_x^\infty \dfrac{dt}{t(t^2-1)\log t}$ での積分範囲が狭くなるからです。$\pi(x)$ を考えるには $x \geq 2$ の範囲で考えればよく、すると

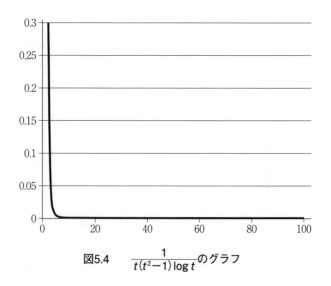

図5.4　$\dfrac{1}{t(t^2-1)\log t}$ のグラフ

積分の値は $x=2$ とした $\int_2^\infty \dfrac{dt}{t(t^2-1)\log t}$ が最大でこれよりは大きくなりません。したがって、(5.15)式の第4項の $-\log 2$ とあわせて、x によらない定数だと考えることができます。

■ $\pi(x)$ を $J(x)$ から計算する

以上で、$J(x)$ がどんなものかわかったので、$\pi(x)$ を $J(x)$ から計算する式に代入してみましょう。

$\pi(x)$ を $J(x)$ から計算する式は、詳しくは付録1で説明しますが、以下のとおりです。

$$\pi(x) = J(x) - \frac{1}{2}J(\sqrt{x}) - \frac{1}{3}J(\sqrt[3]{x}) - \frac{1}{5}J(\sqrt[5]{x}) + \frac{1}{6}J(\sqrt[6]{x})$$
$$- \frac{1}{7}J(\sqrt[7]{x}) + \cdots \quad (5.17)$$

(5.17) 式では、平方数で割り切れないような n に対して、$J(x)$ に x の n 乗根を代入して $1/n$ をかけた項が続きます。各項の符号は、n の素因数が奇数個なら -1、偶数個なら 1 です。n の素因数は全て異なることに注意してください。符号は、

$$\frac{1}{\zeta(s)} = \prod_{p:素数}\left(1 - \frac{1}{p^s}\right)$$
$$= \left(1 - \frac{1}{2^s}\right)\left(1 - \frac{1}{3^s}\right)\left(1 - \frac{1}{5^s}\right)\left(1 - \frac{1}{7^s}\right)\cdots$$
$$= 1 - \frac{1}{2^s} - \frac{1}{3^s} - \frac{1}{5^s} + \frac{1}{6^s} - \frac{1}{7^s} + \cdots$$

の $1/n^s$ の係数になっています。なお、(5.17) 式の係数の和は 0 になることが知られています。

ただし、大事なことを忘れていました。(5.17) 式は一見すると無限に続く式に見えます。その $J(x)$ のところに (5.15) 式を代入すると思うと気が遠くなります。しかし、心配ご無用。x を定めると、(5.17) 式は、有限のところまでしか計算は要りません。$x<2$ に対しては $J(x)=0$ となるからです。どんな x についても、n 乗根の n をどんどん増やしていけば、いつかは 2 を下回りますから、そこまでしか計算には要りません。具体的には、n の範囲は、1 から、$\log_2 x$ 未満の最大の自然数までです。

例えば、(5.17) 式で $x=10$ とした場合は、$\sqrt[3]{10} = 2.154\cdots$, $\sqrt[5]{10} = 1.584\cdots$, あるいは、$\log_2 10 = \ln 10/\ln 2 = 3.321\cdots$ ですから、$n=3$ までを考えればよく、

$$\pi(10) = J(10) - \frac{1}{2}J(\sqrt{10}) - \frac{1}{3}J(\sqrt[3]{10})$$

となります。このことについて、詳しくは付録を参考にしてください。

■$\pi(x)$ の計算

以上から、x を定めれば、(5.17) 式の有限個の項に (5.15) 式を代入して、$\pi(x)$ が求まります。

そこで、x をどんどん大きくしていくとどうなるか考えます。リーマンの目的は素数定理、すなわちその時 $\pi(x)$ と $Li(x)$ の比がどんどん1に近付くことを証明することだったということを思い出してください。

リーマンは、(5.15) 式の4つの項のうち、x を大きくしたときに最も大きくなる項だけを考えることにしました。

それは、最初の項 $Li(x)$ です。2番目の $-\left(\sum_{\rho:\zeta(s)の非自明な零点} Li(x^\rho)\right)$ は、零点がわからないので、ひとまず脇に置いておくしかありませんが、リーマンはこの項を「**周期的な項**」と呼んで、この項は x を大きくした時にそんなに大きくならないと考えていました。どうしてそのように考えたのか、そのことについては、本章の最後にもう少し説明します。残りの項は、上で説明したように x が大きくなっても定数とみ

なせますから、これも脇に置いておきます。

■リーマンの素数公式

その結果、リーマンは、$\pi(x)$ の式として次を提案します。上のとおり、脇に置いている項があるので近似式です。そこで、両辺を＝ではなく、〜で結んでおきます。

$$\pi(x) \sim Li(x) - \frac{1}{2}Li(\sqrt{x}) - \frac{1}{3}Li(\sqrt[3]{x}) - \frac{1}{5}Li(\sqrt[5]{x})$$
$$+ \frac{1}{6}Li(\sqrt[6]{x}) - \frac{1}{7}Li(\sqrt[7]{x}) + \cdots \quad (5.18)$$

そして、特に最初の2項を計算した

$$\pi(x) \sim Li(x) - \frac{1}{2}Li(\sqrt{x})$$

がそれまでの式より近似の精度が高いことを具体的な数値で確かめて、リーマンは論文を締めくくりました。

結局、リーマンでも素数定理の証明にはたどり着けませんでした。しかし、(5.18) 式では、それまで $\pi(x)$ に近いことが数値からの推測にすぎなかった $Li(x)$ について、理詰めで登場することがわかったことは、大きな一歩だったと思います。

■その後

現在の私たちは、かなりな個数の零点を、具体的に計算して知っているので、リーマンが脇に置かざるを得なかっ

た $-\left(\displaystyle\sum_{\rho:\zeta(s)\text{の非自明な零点}} Li(x^\rho)\right)$ を計算することができます。その結果が、第1章でお見せしたグラフなのです。

　しかし、零点はどうやって計算したのでしょうか。また、素数定理は結局証明されたのでしょうか。次章では、これらのリーマンの論文以降の成果について、ごく簡単に紹介したいと思います。

　その前に、先ほど約束した、リーマンが「周期的な項」と呼んだ第2項についての説明を下の囲みにまとめておきます。

　第2項は、$\zeta(s)$ の非自明な零点 ρ について $Li(x^\rho)$ を足しあげたものです。ここで、x^ρ は、実数 x の ρ 乗です。ρ は一般に複素数です。非自明な零点ですから、その実部が0以上1以下であることしかわかっていません。詳しくは、$x^\rho = \exp(\rho \log x)$ と計算します。ここの log は、実数の対数関数でよいのですが、ρ が実数とは限らない複素数ですから $\rho \log x$ もそうなるので、exp は複素数の指数関数で考えなくてはなりません。その結果、x^ρ も一般には実数とは限らない複素数となります。そして対数積分 $Li(z)$ の $z = x^\rho$ での値が $Li(x^\rho)$ です。上では、実数 x に対する $Li(x)$ しか説明しませんでしたが、実数とは限らない複素数 z に対しても $Li(z)$ を考えることができます。その説明は省略します。

　そして、$\zeta(s)$ の非自明な零点 ρ 全てについて

$Li(x^\rho)$ を足しあげるのですが、非自明な零点 ρ 全てが判らないことにはこの先にはすすめません。

しかし、リーマン予想が正しいとすると、もう少し考察を進めることができます。現代の私たちは、虚部の絶対値が小さい方からかなりの数の非自明な零点は全て、実部が1/2の複素数の全体の作る「臨界線」の上に載っていることを知っています。また、何より、リーマン自身、「証明できなかったが」といいつつ正しいことを信じているので、非自明な零点が全て臨界線の上にあるとして第2項の考察を進めることも十分意味のあることと思われます。

さて、ρ を非自明な零点に限らず、臨界線の上の点とする時、$Li(x^\rho)$ は、図5.5に示す、渦巻きが対になった曲線(以下、「ダブル渦巻き」と呼びます)の上に載っていることがわかります。臨界線の上の点 ρ は、実数 t を使って $\rho = 1/2 + it$ と書けますが、$t = 0$ の実軸と交わる点は、ダブル渦巻きが実軸と交わる点に移ります。そして、t が増加する、つまり臨界線を上に登っていくと、$Li(x^{\frac{1}{2}+it})$ は、ダブル渦巻きをどんどん上にたどって、点 πi の周りを左回りでグルグルと回りながらどんどん近づいていきます。臨界線を下に降りていくとその逆で、$Li(x^{\frac{1}{2}+it})$ は、ダブル渦巻きをどんどん下にたどって、点 $-\pi i$ の周りを右回りでグルグルと回りながらどんどん近づいていきます。

さて、$\zeta(s)$ の非自明な零点 ρ 全てについて

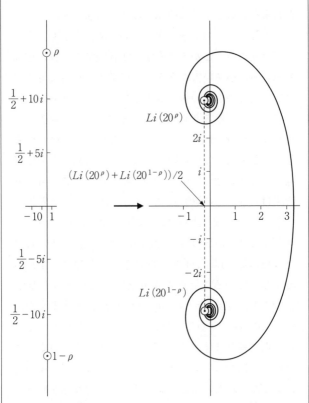

図5.5[4] 臨界線上の ρ に対する $Li(x^\rho)$ は、ダブル渦巻きになる(図は $x=20$ の場合、つまり $Li(20^\rho)$)

---

[4] 図5.5、図5.6は、ジョン・ダービーシャー著、松浦俊輔訳、『素数に憑かれた人たち』(日経BP社、2004)のものを、一部改変して引用しました。リーマン予想について知りたい方は、本書とともに、同書も読むと、理解が深まると思います。

$Li(x^\rho)$ を足しあげる時、リーマンは足す順番を指定すればその結果 $\left(\sum_{\rho:\,\zeta(s) \text{の非自明な零点}} Li(x^\rho) \right)$ は有限になると考えました。この順番を説明するには、第4章で説明した、ρ が非自明な零点なら $1-\rho$ もそうだったことを思い出す必要があります。リーマンは、まず虚部が正の非自明な零点 ρ に対する $Li(x^\rho)$ と $1-\rho$ に対する $Li(x^{1-\rho})$ を先に足し合わせ、その値を、虚部が正で小さいものから順に足し合わせることにしたのです。

実は ρ が臨界線の上にある時、$1-\rho$ も臨界線の上にあります。実際、実数 t を使って $\rho=1/2+it$ と書くと、$1-\rho=1/2-it$ となるからです。ρ と $1-\rho$ の虚部は絶対値が同じで符号が逆なことに注意してください。この2点は実軸に関して対称な位置にあるわけです。第6章で説明することばを使うと、ρ と $1-\rho$ は互いに他の**複素共役**になっています。

この時、$Li(x^\rho)$ と $Li(x^{1-\rho})$ も複素共役になることが知られています。これも第6章で説明することですが、**鏡像の原理**と呼ばれる定理によってそのことがわかります。すると、$Li(x^\rho)$ と $Li(x^{1-\rho})$ の虚部は絶対値が同じで符号が逆ですから、足し合わせると虚部が打ち消し合い、その結果 $Li(x^\rho)+Li(x^{1-\rho})$ は実数になることがわかります。その値は、$Li(x^\rho)$ の実部の2倍です。(図5.5参照)

そして、ρ をどんどん臨界線の上の方のもの、す

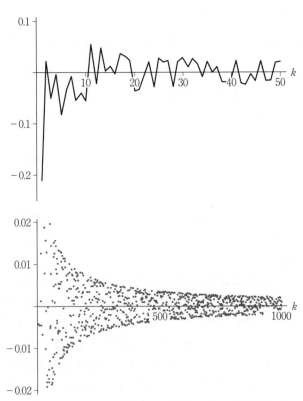

図5.6[5] $x=20$ の時の、虚部が正で小さい方から k 番目の非自明な零点 $\rho(k)$ に対する $Li(20^{\rho(k)}) + Li(20^{1-\rho(k)})$ の値
上：$k=50$ まで、下：さらに $k=1000$ まで

---

[5] 前掲注4参照

なわち虚部の大きいものにして $Li(x^\rho) + Li(x^{1-\rho})$ を考えると、この2つはダブル渦巻きでそれぞれ πi と $-\pi i$ に近付くので、$Li(x^\rho) + Li(x^{1-\rho})$ は時には正、時には負の値を取りながらどんどん0になると考えられます。したがって、この順番で足しあげれば

$\left(\sum_{\rho : \zeta(s)\text{の非自明な零点}} Li(x^\rho) \right)$ は有限の値になると考えられると

いうわけです。図5.6に示す計算結果を見ると、$Li(x^\rho) + Li(x^{1-\rho})$ が振動しながらどんどん0に近付いていく様子がわかります。

　そして x をどんどん大きくしていくと、渦巻きはどんどん大きくなるのですが、それでも $\left(\sum_{\rho : \zeta(s)\text{の非自明な零点}} Li(x^\rho) \right)$ は、正負が打ち消し合ってそんなに大きな値にはならない気がします。きっと値は大きくなったり小さくなったりするはずです。この様子を、リーマンは「周期的」と形容したようです。

第6章 それから

　前章までが、「リーマン予想」が生み出されたリーマンの1859年の論文の内容です。彼は、生まれつき病弱であったこともあり、1862年からは療養生活に入り、そして1866年に療養に向かったイタリアのマジョレ湖畔の村で、40年にも満たない生涯を終えます。

　こうして、リーマン予想に関連する、リーマン自身によるさらなる研究は公表されないままとなってしまいましたが、彼の死後、現在までには、多くの研究者によって様々な研究がすすめられています。

　以下に、その主なものを簡単に紹介しましょう。これらは、リーマン予想に関する研究の氷山の一角、いや大海の一滴に過ぎず、さらに膨大な事実が知られてきているのですが、リーマン予想の前では全く前進していないかのような状況にあるのが実際のところです。

第6章 それから

アダマール
SPL/PPS通信社

ド・ラ・ヴァレ・プーサン
撮影者不明

■素数定理のその後

まずは、リーマン予想そのものより、リーマンが目標として果たせなかった、素数定理の証明に関する研究です。これらは、リーマンの1859年の論文に関係する研究の中では、リーマンの死後、最初に進展の見られた事柄です。

素数定理は、リーマンの死後1896年に、フランスのアダマール（1865～1963）と、ベルギーのド・ラ・ヴァレ・プーサン（1866～1962）によって、独立に証明されました。リーマンの論文は1859年に発表されましたから、40年近く経過してからのことです。

では、彼らの素数定理の証明によって、リーマン予想も証明されたのでしょうか？　具体的な $\pi(x)$ の式も求まったのでしょうか？　驚いたことに、それらは証明されていません。もっとも、だから本書が日の目を見ているわけで

エルデシュ
UC San Diego Mathematics HPより

セルバーグ
Norwegian University of Science and Technology HPより

すが。

彼らの証明では、ゼータ関数の零点に関する性質がもちろん利用されています。しかし、リーマン予想の内容よりよりおおざっぱな性質が証明されて、それによって素数定理が証明されたのです。前章でも先走って紹介しましたが、具体的には、**非自明な零点の実部は0でも1でもない**、という性質から素数定理は証明されました。**非自明な零点の実部は1/2である**というリーマン予想からは、はるかに弱い事実です。結局、「素数定理の証明にはリーマン予想が証明される必要はない」というリーマンの記述は、自分がリーマン予想を証明できないことに対する言い訳ではなく、数学的には正しい主張だったのです。

ところで素数定理の内容は、素数についての性質です。そこで、リーマンのゼータ関数も、複素関数論も使わない

で証明できるのではないかと考えるのは自然です。実際1949年には、複素関数論を全く使わない素数定理の証明も、エルデシュ（ハンガリー、1913〜1996、放浪の数学者として有名です）とセルバーグ（ノルウェー、1917〜2007、1950年にフィールズ賞を受賞）によって考え出されました。これらは初等的証明と呼ばれますが、それは複素関数論を使わないというだけで、簡単な議論というわけでは決してありません。

■零点の計算

第1章でも説明したように、現在では、$\zeta(s)$ の非自明な零点が実際にたくさん求められています。そして、それらは全て実部が1/2で、それらについてはリーマン予想が成り立っているわけです。

これらの零点は、結論を言うと、$\zeta(s)$ を近似計算することで求められてきましたが、その裏には、興味深い事実が存在します。ここにも $\zeta(s)$ の奥深さが顔をのぞかせるのです。実部が1/2となる臨界線の上で考えると、$\zeta(s)$ の非自明な零点を求めるという問題の場合、うまい具合に簡単になる特殊事情が存在します。

$\zeta(s)$ の非自明な零点は、第5章で登場した $\xi(s)$ の零点に他なりませんでした。ここで、s を実部が1/2となる臨界線の上の点とすると、そのような点は $1/2+it$ と書けるので、$\xi(s) = \xi(1/2+it)$ は、実数 t の関数と考えることができます。このとき実は $\xi(1/2+it)$ の値は常に実数になります。つまり、臨界線上の $\zeta(s)$ の非自明な零

点を求める問題は、実数 t の実数値の関数 $\zeta(1/2+it)$ の値が0になる点を求める問題になります。こうなると、実数値の関数一つの値が0になる点を探せばよいのですから、問題はぐっと簡単になります。そして、$\zeta(1/2+it)$ の値が正の点と負の点があれば、その間には必ず $\zeta(s)$ の非自明な零点が存在することがわかりますから、こうなると多少精度が粗い $\zeta(1/2+it)$ の近似であったとしても十分役に立つことになります。

■鏡像の原理

$\zeta(1/2+it)$ の値が常に実数になることは、リーマンの関数等式

$$\zeta(s) = \zeta(1-s) \qquad (6.1) = (5.5)$$

と、正則関数について成り立つ鏡像の原理と呼ばれる性質からわかります。

鏡像の原理を説明するために、まず複素数 z の共役複素数 $\bar{z}$ を説明しましょう。複素数 z を $x+iy$ と書いた時、実部は同じで虚部の符号が異なる $x-iy$ を共役複素数と呼んで、$\bar{z}$ の記号で表します。$\bar{z}$ の z の上についているバー（横棒）が、「共役」ということを表しています。図6.1のように、複素平面上では、複素数 z に対してその共役複素数 $\bar{z}$ は、実軸に関して z と対称な点です。特に、z が実軸上の場合、その共役複素数 $\bar{z}$ は z 自身になります。また、逆に $z=\bar{z}$ の場合、z は実数です。

さて、鏡像の原理とは、正則関数 $f(z)$ について成り立

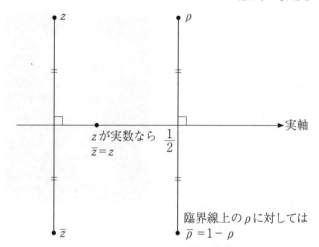

図6.1 複素数zとその共役複素数z̄

つ以下の性質のことです:

> 正則関数$f(z)$の実軸上での値が実数の時、共役複素数$\bar{z}$でのfの値$f(\bar{z})$は、$f(z)$の共役複素数$\overline{f(z)}$になる、つまり $f(\bar{z}) = \overline{f(z)}$ が成り立つ。

$\zeta(s)$ は実軸上で実数値を取りますから、$\zeta(\bar{s}) = \overline{\zeta(s)}$ が成り立ちます。sが臨界線上の点 $1/2+it$ なら、その共役複素数は $\bar{s}=1/2-it$ となりますから、$\overline{\zeta(1/2+it)} = \zeta(1/2-it)$ です。一方、$1/2-it$ は、$1-s$ でもありますから、(6.1)式から $\zeta(1/2+it) = \zeta(s) = \zeta(1-s) = \zeta(1/2-it)$ でもあります。二つ合わせると $\overline{\zeta(1/2+it)} = \zeta(1/2-it) = \zeta(1/2+it)$ となるので、$\zeta(1/2+it)$ は

実数になるというわけです。

■近似計算

このような話なら、$\zeta(1/2+it)$ を近似計算すればよいのですが、実際にはこの一部分を取り出した $Z(t)$ と書かれる関数の近似計算をします。$Z(t)$ も実数の関数で、常に負の値

グラム
Johanes Hauerslev

をとる実数の関数 $w(t)$ を用いて $\zeta(1/2+it) = w(t)Z(t)$ と書かれるので、$Z(t)$ の零点は $\zeta(1/2+it)$ の零点と一致します。したがって、$\zeta(1/2+it)$ の零点を求めるには、$Z(t)$ の近似計算をすればよいことになります。

このような方針にしたがって、$Z(t)$ の近似計算をすることで、1903年、グラム（デンマーク、1850〜1916、大学の線形代数で必ず教わる、グラム-シュミットの直交化法に名前が残っています）によって $\zeta(s)$ の非自明な零点が初めて求められました。彼は、t が0から66までの範囲で $\zeta(1/2+it)$ の零点を15個求めました。一方、虚部がこの範囲の、実部が1/2とは限らない非自明な零点の数を $\log \zeta(1/2+it)$ のテイラー展開を利用して求めることで、この15個がこの範囲にある非自明な零点の全てであることを突き止めました。この計算は第5章で説明した、偏角の原理に基づくものです。臨界線の上にある15個がこの

162

範囲の零点の全てなのですから、この範囲ではリーマン予想が正しいことがわかったわけです。

なお$Z(t) = e^{i\theta(t)} \zeta(1/2+it)$ と実数の関数 $\theta(t)$ を用いて書かれるので、$Z(t)$ の近似計算には、$\zeta(1/2+it)$ の近似計算が登場します。$\zeta(1/2+it)$ はリーマンの定義式に基づいて近似計算しますが、そこに出てくる積分を、グラムは**オイラー-マクローリンの方法**と呼ばれる方法で計算しました。

その後、1914年にはバックルント(フィンランド、1888～1949、保険のアクチュアリーとして活躍)によって、虚部が0から200までの非自明な零点は79個あり、いずれも臨界線上にあることが示されました。さらに、1925年にはハッチンソン(アメリカ)によって、虚部が正で小さい方から138個までの零点について、いずれも臨界線上にあることが示されました。

■臨界線上の零点の存在

このように1903年のグラムの研究を嚆矢として、臨界線上の零点が具体的に求められるようになりましたが、さらに、1914年にイギリスの数学者ハーディ(1877～1947)によって、**臨界線の上には無限個の零点がある**ことが示されました。ハーディは、インドの鬼才ラマヌジャンの才能を正しく見抜き、彼に対する世の中の評価をただの変人から世紀の天才へ変えさせた人です。

前章で説明したように、偏角の原理に基づいて臨界領域の中に無限個の零点があることは、すでにリーマンによっ

ハーディ
撮影者不明

て示されていました。ハーディの研究は、臨界線の上に限っても無限個の零点が存在するというものです。だからと言って、臨界線以外の部分に零点がないことがわかったと早とちりしてはいけません。1－1 は0ですが、∞－∞ は0とは限らないのです。この点を勘違いして、世紀の大問題を解いたと発表しないように気を付けましょう。

さらに、1942年にはセルバーグによって、臨界線上の零点の個数の、臨界領域内の零点の個数に対する割合は0より大きいことが示されました。∞－∞ は0とは限らないのと同様に、∞÷∞ は1とは限らないばかりか0になることもあるので、このセルバーグの結果は、大変大きな一歩なのです。

セルバーグの証明からわかるこの割合はかなり小さかったのですが、1974年にレヴィンソン（アメリカ、1912～1975）が得た結果からは少なくとも 1/3、1989年にコンリー（アメリカ、1955～）が得た結果からは少なくとも40％であることがわかっています。もちろんリーマン予想が正しければこの割合は100％ですから、まだまだ60％もの大きな溝があるわけです。

第6章 それから

■ジーゲルの発見

ここまで、リーマンの論文が発表されて以降の研究の進展として、素数定理が証明されたことと、非自明な零点に関することを説明してきました。

ところで、リーマンの1859年の論文では、証明の概略しか書かれていない部分があります。それらの事項についても、後の研究で、どんどん正しいことが証明されていきました。$\pi(x)$ の式も、フォン・マンゴルト（ドイツ、1854～1925）によって1895年に正しいことが証明されました。

そうなると、リーマン予想の信憑性もどんどん高まっていくのですが、どうしても歯が立ちません。

ところで、ここで落ち着いて考えると、リーマンが零点の場所はわからないと言いながら、それがある直線の上にあるに違いないと言い出すのは、あまりにもピンポイントすぎる発言だと感じないでしょうか。また、リーマン予想の部分について、リーマン自身、何度か証明を試みたものの証明できなかったと述べています。彼は、「リーマン予想」の部分についても深い研究をしていたのではないかと考えるのが普通でしょう。

その推測が正しいことは、リーマンの残した $\zeta(s)$ を研究した大量の草稿が、1920年にゲッティンゲン大学の図書館で発見されたことで示されました。この草稿は、ドイツの数学者ジーゲル（1896～1981）によって研究され、その結果は、1932年に発表されました。これにより、リーマンの研究の深さに多くの数学者は改めて驚かされました。そこには、**リーマン‐ジーゲルの公式**と呼ばれることにな

ジーゲル
Jacobs,Konrad

る、零点の場所を近似計算する公式が書かれていました。以降この公式は、ゼータ関数の非自明な零点の近似計算に必ず用いられるようになります。そして、リーマン自身も、虚部が正で、小さい方から3個の非自明な零点を求めていたことも判明しました。もちろん、それらは確かにリーマンの主張する直線の上にあったのです。また、新たな $\zeta(s)$ の表現式も示されていました。

1859年の論文に書かれている内容は、リーマンのゼータ関数に関する考察の氷山の一角とも言えるものだったのです。彼の考察は、深さと広さの点で徹底したものだったにもかかわらず、リーマン予想は容易に接近できない、極めて難しい予想なのです。

■非自明な零点の探索の加速

リーマン - ジーゲルの公式が得られたことで、非自明な零点の研究は大きく進展します。1935～36年には、ティッチマーシュ（イギリス、1899～1963）がこれを用いて、虚部が正で小さい方から1041個までの非自明な零点について、実部が1/2であることを証明しました。

そしてさらに、その直後のあるものの出現によって、非自明な零点の探索は加速することになります。

そのあるものとは、コンピューターです。

コンピューターは第二次世界大戦の時に、弾道の計算や、原子爆弾の設計など、大規模な計算が必要になったことで実用化が進んだものです。大戦後、これが一般社会にも普及し、これを利用することで、非自明な零点の計算も、飛躍的にスピードアップしたのです。

ティッチマーシュ
School of Mathematics and statistics
University of St Andrews,Scotland HPより

実は、コンピューターを非自明な零点の探求に最初に利用したのは、コンピューターの原理を発明した一人であるチューリング（イギリス、1912〜1954）なのだそうです。1953年に彼は、虚部が正で小さい方から1104個までの非自明な零点について、実部が1/2であることを証明しました。

さらに、新たな工夫も加えられた結果、2004年には、虚部が正で小さい方から10兆個までの非自明な零点について、実部が1/2であることが証明されています（X. GourdonとPatrick Demichelによる）。

図6.2に、非自明な零点に関してこれまでに知られていることをまとめておきましょう。これが、現在私たちがリ

チューリング
Bridgeman Images/PPS通信社

ーマン予想に関して知っているおおよそ全てということができるでしょう。

■ゼータ関数の研究のその後

リーマンのゼータ関数については、リーマン予想に直接関係する事柄以外にも、さまざまな側面から膨大な研究が進められています。今こうしている時も、世界中の大勢の数学者がゼータ関数の研究に打ち込んでいます。それは、ゼータ関数についての理解が深まれば深まるほど、素数についての理解も深まることが知られたのが大きな理由であることは間違いありません。

さらに、素数の研究以外の分野でも、ゼータ関数の類似物を作ることで、その分野の理解が深まることも、多くの分野で経験されてきています。その中には、リーマン予想に対応する性質が、実際に証明されている分野もあります。関連した研究が主な理由となって、フィールズ賞を受賞した数学者もたくさんいます。

また、リーマン予想に関する研究と、素数の研究以外の分野との予想外のつながりも発見されています。例えば、非自明な零点と、物理学のある理論に登場する物理量との関係[1]が注目されています。より詳しくは、零点の間隔の

第6章 それから

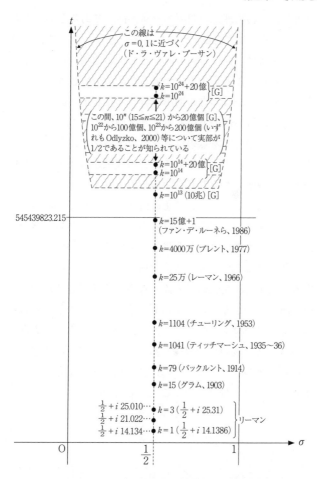

図6.2 これまでにわかった非自明な零点（複数の資料から作成、完全ではない）。kは、虚部の小さい方から並べた時の順位。$k=1,3$ の右側のかっこ内の数字は、リーマンの計算した値。[G] は、X.Gourdon と Patrick Demichel（2004）

分布と、その物理量の間隔の分布が同じであるというものです。図6.2で、実部のとても大きい零点について、とびとびの領域について零点が計算されている部分がありますが、これらはこの事実を確かめるために計算されたものです。この部分では零点の間隔を計算する必要があるため、単に零点が臨界線の上にあることを確かめることよりも、格段に高い精度で零点の位置を計算する必要があります。将来的には、このような他の分野の成果からリーマン予想の解決の鍵がもたらされるかもしれません。

　ゼータ関数とリーマン予想の研究が、現在でも数学の一つの主要なテーマであり続けるのは、リーマンの数学全体に対する広く深い考察を背景としていることが理由なのでしょう。オイラーやガウス、フーリエやコーシーといった先人の成果を、現代数学の礎となるべく発展させたのが、彼であるといっても過言ではありません。しかし、その一方では、リーマン予想につながる研究にもみられる素直な発想も、また彼の数学の持ち味です。そしてその発想と職人技との絶妙なハーモニーに、彼の研究を知る者は、これからも驚かされ続けていくことでしょう。

---

1 GUE（Gaussian unitary ensemble）仮説と呼ばれ、量子物理学者ダイソンが、モンゴメリーとのお茶飲み話の中で指摘したという逸話で大変有名です。

【付録1】オイラー積と $J(x)$

ここでは、ゼータ関数のオイラー積

$$\sum_{n=1}^{\infty}\frac{1}{n^s} = \prod_{p:\text{素数}}\left(1-\frac{1}{p^s}\right)^{-1} \quad (s>1) \qquad (\text{付}1.1)$$

から、ゼータ関数と関数 $J(x)$ を結ぶ式

$$\log\sum_{n=1}^{\infty}\frac{1}{n^s} = s\int_{1}^{\infty}J(x)x^{-s-1}dx \quad (\text{付}1.2) = (1.3)$$

(第1章の式 (1.3)) をどのように導き出すかを説明します。その途中で $J(x)$ の正体、つまり $\pi(x)$ からどのように計算されたものかがわかります。また、後半では、$J(x)$ から $\pi(x)$ を復元する方法についても説明しましょう。

付録1.1 オイラー積から $J(x)$ の(付1.2)式を求める

4ステップを踏みます。

①(付1.1) 式の両辺の対数をとる

まず、(付1.1) 式の両辺の対数をとります。積の対数は対数の和になるので、結果は、

【付録1】オイラー積と$J(x)$

$$\log\left(\sum_{n=1}^{\infty}\frac{1}{n^s}\right) = -\sum_{p:素数}\log(1-p^{-s}) \qquad (付1.3)$$

となります。右辺で、p は素数ですから1より大きく、s も1より大きいとしていますから $p^s>1$ となるので、$0<p^{-s}<1$ となり、対数 $\log(1-p^{-s})$ は全て負の値です。

②ニュートンの定理を使って、$\log(1-p^{-s})$ を p のべき級数で表す

ここで、対数関数 $\log x$ は、以下の式で表すことができることを使って、(付1.3) 式の右辺を書き換えます。

$$\log(1-x) = -x-\frac{1}{2}x^2-\frac{1}{3}x^3-\cdots-\frac{1}{n}x^n-\cdots \quad (付1.4)$$

なお、(付1.4) 式は、ニュートン (1643〜1727) が導いたとされています。

素数 p に対して、(付1.4) 式で $x=p^{-s}$ とおけば、$x^2=p^{-2s}$, $x^3=p^{-3s}$, $\cdots$, $x^n=p^{-ns}$, $\cdots$ となるから、

$$\log(1-p^{-s}) = -p^{-s}-\frac{1}{2}p^{-2s}-\frac{1}{3}p^{-3s}-\cdots-\frac{1}{n}p^{-ns}-\cdots$$

となります。すなわち、

$$-\log(1-p^{-s}) = p^{-s}+\frac{1}{2}p^{-2s}+\frac{1}{3}p^{-3s}+\cdots+\frac{1}{n}p^{-ns}+\cdots$$

$$(付1.5)$$

となります。この (付1.5) 式を全ての素数 p について足し上げれば、

$$-\sum_{p:\text{素数}} \log(1-p^{-s}) = \sum_{p:\text{素数}} p^{-s} + \frac{1}{2}\sum_{p:\text{素数}} p^{-2s} + \frac{1}{3}\sum_{p:\text{素数}} p^{-3s} + \cdots$$

となります。これを、(付1.3) 式の右辺に代入して、

$$\log \sum_{n=1}^{\infty} \frac{1}{n^s} = -\sum_{p:\text{素数}} \log(1-p^{-s})$$
$$= \sum_{p:\text{素数}} p^{-s} + \frac{1}{2}\sum_{p:\text{素数}} p^{-2s} + \frac{1}{3}\sum_{p:\text{素数}} p^{-3s} + \cdots \quad (\text{付}1.6)$$

となることがわかりました。

ニュートンの $\log(1-x)$ のべき級数展開の式 (付1.4) は、以下のとおりにして導かれます。

出発点は、第2章でも登場した次の式です。

$$\frac{1}{1-x} = 1 + x + x^2 + \cdots + x^n + \cdots$$

この両辺を積分すると、右辺は各項を積分したものを足し合わせればよいので、

$$-\log(1-x) = x + \frac{x^2}{2} + \frac{x^3}{3} + \cdots + \frac{x^n}{n} + \cdots$$

となります。両辺の符号を変えれば、(付1.4) 式

174

$$\log(1-x) = -x - \frac{x^2}{2} - \frac{x^3}{3} - \cdots - \frac{x^n}{n} - \cdots$$

になります。

③p のべき乗を積分で表す

次のステップは意外ですが、(付1.6) 式の右辺を、次の関係式を用いて、さらに書き換えます。つまり、p のべき乗を積分で表すのですが、関係式の導き方は下の囲みにまとめます。それにしても、なぜわざわざこんなことをするのでしょう。

$$p^{-s} = s\int_p^\infty x^{-s-1}dx, \ p^{-2s} = s\int_{p^2}^\infty x^{-s-1}dx, \ p^{-3s} = s\int_{p^3}^\infty x^{-s-1}dx,$$

$$\cdots, \ p^{-ns} = s\int_{p^n}^\infty x^{-s-1}dx, \ \cdots \quad (付1.7)$$

p の指数の違いは、積分をはじめる点の違いに現れていることに注意してください。

(付1.7) 式は、積分 $\int_a^\infty x^{-s-1}dx$ を計算すると、

$$\int_a^\infty x^{-s-1}dx = \left[\frac{x^{-s}}{-s}\right]_a^\infty = \lim_{x\to\infty}\left(\frac{-x^{-s}}{s}\right) - \left(\frac{-a^{-s}}{s}\right) = \frac{a^{-s}}{s}$$

となることからわかります。

$\lim_{x \to \infty} \left(\dfrac{-x^{-s}}{s} \right)$ は、$s>1$ なので、x^s は、x をどんどん大きくするといくらでも大きくなるため、その逆数 x^{-s} はどんどん 0 に近づくことから、$\lim_{x \to \infty} \left(\dfrac{-x^{-s}}{s} \right) = 0$ だとわかります。

したがって、

$$a^{-s} = s \int_a^\infty x^{-s-1} dx$$

となります。

ここで、素数 p に対し、$a = p,\ p^2,\ p^3,\ \cdots,\ p^n,\ \cdots$ として代入すれば、$(p^2)^{-s} = p^{-2s}$, $(p^3)^{-s} = p^{-3s}$, $\cdots$, $(p^n)^{-s} = p^{-ns}$, $\cdots$ となるので、

$$p^{-s} = s \int_p^\infty x^{-s-1} dx,\ p^{-2s} = s \int_{p^2}^\infty x^{-s-1} dx,\ p^{-3s} = s \int_{p^3}^\infty x^{-s-1} dx,$$
$$\cdots,\ p^{-ns} = s \int_{p^n}^\infty x^{-s-1} dx,\ \cdots$$

となって、(付1.7) 式が得られます。

④積分をたてに足しあげる

ここで、(付1.3) 式に (付1.7) 式を代入すると、

$$\log \sum_{n=1}^\infty \frac{1}{n^s} = \sum_{p: \text{素数}} \left(s \int_p^\infty x^{-s-1} dx \right) + \frac{1}{2} \sum_{p: \text{素数}} \left(s \int_{p^2}^\infty x^{-s-1} dx \right)$$

【付録1】オイラー積と$J(x)$

$$+ \frac{1}{3} \sum_{p:\text{素数}} \left(s \int_{p^3}^{\infty} x^{-s-1} dx \right) + \cdots$$

$$= s \Big[\sum_{p:\text{素数}} \left(\int_{p}^{\infty} x^{-s-1} dx \right) + \frac{1}{2} \sum_{p:\text{素数}} \left(\int_{p^2}^{\infty} x^{-s-1} dx \right)$$

$$+ \frac{1}{3} \sum_{p:\text{素数}} \left(\int_{p^3}^{\infty} x^{-s-1} dx \right) + \cdots \Big]$$

となります。

この右辺の [ ] でくくった積分の和をよく観察すれば、すぐ後で説明するとおりにして定まる関数$J(x)$を使って、$\int_{1}^{\infty} J(x) x^{-s-1} dx$ に等しいことがわかる(図付1参照)ので、(付1.2) 式

$$\log\left(\sum_{n=1}^{\infty} \frac{1}{n^s} \right) = s \int_{1}^{\infty} J(x) x^{-s-1} dx$$

が成り立つことがわかります。

$J(x)$ は、実数xに次の値を対応させる関数です。

(x以下の素数の個数)$+ \frac{1}{2}$(平方(2乗)がx未満となる素数の個数)$+ \frac{1}{3}$(立方(3乗)がx未満となる素数の個数) $+ \cdots + \frac{1}{n}$(n乗がx未満となる素数の個数) $+ \cdots$

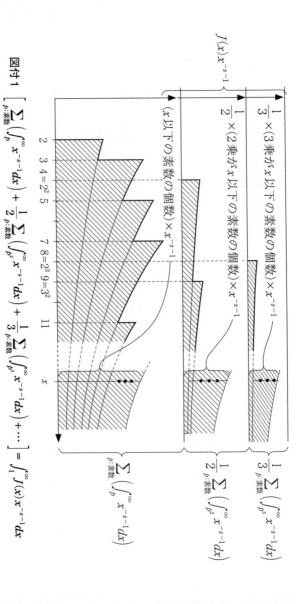

図付1 $\left[\sum\limits_{p:\text{素数}}\left(\int_p^\infty x^{-s-1}dx\right) + \frac{1}{2}\sum\limits_{p:\text{素数}}\left(\int_{p^2}^\infty x^{-s-1}dx\right) + \frac{1}{3}\sum\limits_{p:\text{素数}}\left(\int_{p^3}^\infty x^{-s-1}dx\right) + \cdots\right] = \int_1^\infty J(x)x^{-s-1}dx$

付録1.2 関数 $J(x)$ と $\pi(x)$

■$\pi(x)$ から $J(x)$ を作る

上で登場した $J(x)$ は、x 未満の素数の個数を表す関数 $\pi(x)$ を使うと以下の式で表されます。

$$J(x) = \pi(x) + \frac{1}{2}\pi(\sqrt{x}) + \frac{1}{3}\pi(\sqrt[3]{x}) + \cdots + \frac{1}{n}\pi(\sqrt[n]{x}) + \cdots$$
$$= \sum_{m=1}^{\infty} \frac{1}{m} \pi(\sqrt[m]{x}) \qquad (付1.8)$$

それは、(n 乗が x 未満となる素数の個数)$= \pi(\sqrt[n]{x})$ だからです。実際、素数 p に対して、$p^n < x$ が成り立つことと $p < \sqrt[n]{x}$ が成り立つことは同じことだからです。

なお、$J(x)$ をリーマンは $f(x)$ と書き表しましたが、現在では $f(x)$ といえば関数一般を指すので、$J(x)$ と書くことが慣例になっています。

■$J(x)$ の計算は有限回で終わる

(付1.8)式を見ると、$J(x)$ の計算では和が無限に続くように見えますが、実は、x を決めれば、計算は有限回で終わります。

例として、$x=10$ として $J(10)$ を求めてみましょう。

各項を順に計算していきます。

まず、$\pi(10)$ は、10未満の素数の個数ですから、2, 3, 5, 7 の4個で、$\pi(10)=4$ です。

次に、$\pi(\sqrt{10})$ は、$\sqrt{10}$ 未満の素数の個数ですが、$\sqrt{10}$ の整数部分が3ですから、2、3の2個で、

$\pi(\sqrt{10})=2$ です。もちろん、$\pi(\sqrt{10})$ の値は、2乗が10未満となる素数の数と考えて、$2^2=4$ と、$3^2=9$ から2個と求めることもできます。

同様に、$\pi(\sqrt[3]{10})$ は、素数の3乗となる数で10未満のものの個数と考えると、$2^3=8$ の1個しかなく、$\pi(\sqrt[3]{10})=1$ です。

次の $\pi(\sqrt[4]{10})$ は、素数の4乗となる数で10未満のものの個数ですが、$2^4=16$ ですでに10より大きいので、素数の4乗となる数で10未満のものはありません。すなわち、$\pi(\sqrt[4]{10})=0$ です。

この先、$\pi(\sqrt[5]{10})$ も、$\pi(\sqrt[6]{10})$ も、その先の $\pi(\sqrt[m]{10})$ ($m>6$) もずっとみんな0です。

したがって、

$$J(10) = \pi(10) + \frac{1}{2}\pi(\sqrt{10}) + \frac{1}{3}\pi(\sqrt[3]{10}) + \frac{1}{4}\pi(\sqrt[4]{10}) + \cdots + \frac{1}{n}\pi(\sqrt[n]{10}) + \cdots$$

は、実は0でない項だけ残すと

$$J(10) = \pi(10) + \frac{1}{2}\pi(\sqrt{10}) + \frac{1}{3}\pi(\sqrt[3]{10})$$

となり、上で計算した $\pi(10)=4$、$\pi(\sqrt{10})=2$、$\pi(\sqrt[3]{10})=1$ を代入すれば、

$$J(10) = \pi(10) + \frac{1}{2}\pi(\sqrt{10}) + \frac{1}{3}\pi(\sqrt[3]{10})$$

$$= 4 + \frac{1}{2} \cdot 2 + \frac{1}{3} \cdot 1 = 5\frac{1}{3}$$

と計算されます。

他の x についても同様に、$m = 1, 2, 3, 4, \cdots$ と順に計算していく時に、2^m が x より大きくなるような m が出てくれば、以降の m に対しては、全て $\pi(\sqrt[m]{x}) = 0$ ですから、$J(x)$ の計算はそこまでの和で終わりです。ただ、いくつの m で計算が終わりになるか(それは、$\log_2 x$ 以下の最大の自然数ですが)は、x によって異なるので、全ての x に通用する式で $J(x)$ で表そうとすれば、(付1.8) 式のとおり、無限和の形になってしまうのです。

なお、2未満の素数はないので、$x < 2$ に対しては $\pi(x) = 0$ です。したがって、$x < 2$ なら、$J(x) = 0$ であることもわかります。

■$J(x)$ の振る舞い

ここで $J(x)$ のグラフを見てみましょう。図付2は、$x = 100$ までのグラフです。$\pi(x)$ に比べると、x が、素数の2乗となる点、3乗となる点、…、でも飛躍が生じるので、値が飛躍する点が増え、$\pi(x)$ のグラフに比べると少し複雑になるとともに、多少上に膨らんでいます。

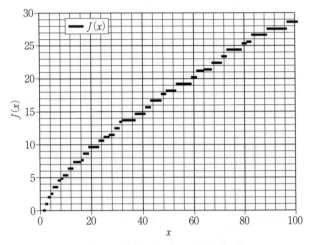

図付2 $J(x)$のグラフ($x=100$)まで

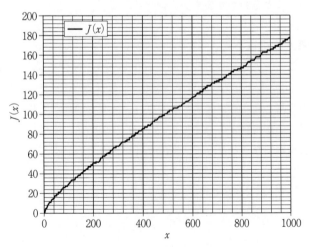

図付3 $J(x)$のグラフ($x=1000$)まで

しかし、このような $\pi(x)$ との違いは、図付3の $x=1000$ までのグラフを見ると、全体に値が大きくなっている以外には、ほとんど目立たなくなります。

■$J(x)$ から $\pi(x)$ を復元する

$J(x)$ は $\pi(x)$ から計算できましたが、逆に $\pi(x)$ を $J(x)$ から、以下のようにして計算することができます。

その作り方は、$\pi(x)$ からの $J(x)$ の計算時に似ていますが、微妙に異なります。

具体的には、$J(x)$ から、$J(\sqrt{x})$ に $1/2$ をかけて**引き**、さらに、$J(\sqrt[3]{x})$ に $1/3$ をかけて**引き**、$J(\sqrt[4]{x})$ は**使わず**、$J(\sqrt[5]{x})$ に $1/5$ をかけて**引き**、$J(\sqrt[6]{x})$ に $1/6$ をかけて足し、…、と計算していきます。

$\pi(x)$ からの $J(x)$ の計算時と同様に、$J(\sqrt[m]{x})$ に $1/m$ をかけるのですが、足すばかりでなく、引く場合、さらには使わない場合もあるのです。$J(\sqrt[m]{x})$ に $1/m$ をかけて、さらに、m に応じて 1 あるいは (-1) または 0 をかけて足し上げていくのです。

■メビウス関数

そして、この3つの数のどれをかけるかは、次のようにして決められています。

- m がある素数の2乗で割れる時：0
- m が相異なる素数 k 個の積の時：$(-1)^k$
- $m=1$ の時：1

$J(\sqrt{x})$、$J(\sqrt[3]{x})$、$J(\sqrt[5]{x})$ に対しては、m が素数の場合なので (-1) をかけます。$J(\sqrt[4]{x})$ に対しては、$m=4$ の場合で、2の2乗で割り切れるから、0をかけます。

$J(\sqrt[6]{x})$ に対しては、$m=6$ の場合で、2×3 と相異なる素数2個の積だから、$(-1)^2=1$ をかけます。

自然数 m に、上のルールにしたがって 1,(-1),0 のいずれかを対応させる関数は通常メビウス関数と呼ばれて記号 $\mu(m)$ で表されます。μ はギリシャ文字でローマ字の m に当たる字で、もちろんメビウスの頭文字です。メビウスは、メビウスの輪で有名な、あのメビウスです。メビウス関数は、整数論で基本的で重要な関数です。

■メビウス変換

メビウス関数 $\mu(m)$ を用いると、上の計算は次の式で表されます。

$$J(x) - \frac{1}{2}J(\sqrt{x}) - \frac{1}{3}J(\sqrt[3]{x}) - \frac{1}{5}J(\sqrt[5]{x}) + \frac{1}{6}J(\sqrt[6]{x}) - \frac{1}{7}J(\sqrt[7]{x}) + \frac{1}{10}J(\sqrt[10]{x}) + \cdots + \frac{\mu(n)}{n}J(\sqrt[n]{x}) + \cdots = \sum_{m=1}^{\infty} \frac{\mu(m)}{m} J(\sqrt[m]{x})$$
(付1.9)

(付1.9) も無限和のように見えますが、x を決めれば、$J(x)$ を $\pi(x)$ から計算する (付1.8) 式同様、有限項目までで終わります。理由も同様で、$x<2$ なら、$J(x)=0$ となるからです。$\sqrt[m]{x}$ は、m が十分に大きければ2未満になるので、そこから先の m については、$J(\sqrt[m]{x})$ は、全て0と

なります。

■$J(x)$ にメビウス変換を施すと $\pi(x)$ に戻る

さてここがポイントですが、(付1.9) 式は、実は $\pi(x)$ に等しいのです。本書では、一般の場合の証明はせずに、$x=10$ として、結果が $\pi(10)$ になることを確かめることにします[1]。

すなわち:

$$J(10) - \frac{1}{2}J(\sqrt{10}) - \frac{1}{3}J(\sqrt[3]{10}) - \frac{1}{5}J(\sqrt[5]{10}) + \\ \cdots + \frac{\mu(n)}{n}J(\sqrt[n]{10}) + \cdots \quad (付1.10)$$

が、$\pi(10)=4$ になるでしょうか。

各項を順に計算していきましょう、ということです。

まず、先に計算したとおり、$J(10)=5\frac{1}{3}$ です。

次に、$J(\sqrt{10})$ を求めるために (付1.8) 式で、$x=\sqrt{10}$ とすると:

$$J(\sqrt{10}) = \pi(\sqrt{10}) + \frac{1}{2}\pi(\sqrt[4]{10}) + \frac{1}{3}\pi(\sqrt[6]{10}) + \\ \cdots + \frac{1}{n}\pi(\sqrt[2n]{10}) + \cdots$$

となりますが、$J(10)$ の計算の時に見たとおり、$\pi(\sqrt{10})=2$ ですが、$\pi(\sqrt[4]{10})=0$ なので、その先の $\pi(\sqrt[2n]{10})$ ($n>2$) はずっとみんな0です。したがって、$J(\sqrt{10})=\pi(\sqrt{10})=2$ です。

さらに、$J(\sqrt[3]{10})$ を求めるために (付1.8) 式で、$x=\sqrt[3]{10}$ とすると：

$$J(\sqrt[3]{10}) = \pi(\sqrt[3]{10}) + \frac{1}{2}\pi(\sqrt[6]{10}) + \frac{1}{3}\pi(\sqrt[9]{10}) + \cdots + \frac{1}{n}\pi(\sqrt[3n]{10}) + \cdots$$

となります。$\pi(\sqrt[3]{10}) = 1$ ですが、$\pi(\sqrt[6]{10}) = 0$ ですから、その先の $\pi(\sqrt[3n]{10})$ ($n>1$) はずっとみんな0です。したがって、$J(\sqrt[3]{10}) = \pi(\sqrt[3]{10}) = 1$ です。

その次の $J(\sqrt[5]{10})$ を求めるために、(付1.8) 式で、$x=\sqrt[5]{10}$ とすると

$$J(\sqrt[5]{10}) = \pi(\sqrt[5]{10}) + \frac{1}{2}\pi(\sqrt[10]{10}) + \frac{1}{3}\pi(\sqrt[15]{10}) + \cdots + \frac{1}{n}\pi(\sqrt[5n]{10}) + \cdots$$

となりますが、$\pi(\sqrt[4]{10}) = 0$ だから、最初の $\pi(\sqrt[5]{10})$ も0で、その先の全ての $\pi(\sqrt[5n]{10})$ ($n>1$) はみんな0です。したがって、$J(\sqrt[5]{10}) = 0$ です。同様に、$J(\sqrt[6]{10})$、$J(\sqrt[7]{10})$ はおろか、5以上の全ての n に対して、$J(\sqrt[n]{10}) = 0$ です。

以上から、(付1.10) 式は

---

[1] 証明は、例えば松本耕二著『リーマンのゼータ関数』(朝倉書店、2005) の補題5.1 をご覧ください。

$$J(10) - \frac{1}{2}J(\sqrt{10}) - \frac{1}{3}J(\sqrt[3]{10}) - \frac{1}{5}J(\sqrt[5]{10}) +$$
$$\cdots + \frac{\mu(n)}{n}J(\sqrt[n]{10}) + \cdots$$
$$= J(10) - \frac{1}{2}J(\sqrt{10}) - \frac{1}{3}J(\sqrt[3]{10})$$
$$= 5\frac{1}{3} - \frac{1}{2} \cdot 2 - \frac{1}{3} \cdot 1 = 4$$

となり、確かに(付1.9)式で $x=10$ とした計算結果は、$\pi(10)$ に等しくなりました。

【付録2】$J(x)$ の方程式を解く

付録1で

$$\log\left(\sum_{n=1}^{\infty}\frac{1}{n^s}\right) = s\int_1^{\infty} J(x) x^{-s-1} dx \quad (付2.1) = (付1.2)$$

が成り立つことを説明しました。ただし、s は1より大きい実数で、右辺の積分は実数 $x(>1)$ に関するもので、実数の範囲で成り立つ式です。$J(x)$ は付録1で説明したもので、また、自然数でもない一般の s に対して x^{-s-1} をどのように考えるのかは、第2章で説明しました。具体的には、$x^{-s-1} = \exp(-(s+1)\log x)$ です。

(付2.1) 式は、さらに一般の複素数 s に対する、リーマンのゼータ関数 $\zeta(s)$ についての式

$$\frac{\log \zeta(s)}{s} = \int_1^{\infty} J(x) x^{-s-1} dx \quad (付2.2)$$

に拡張されます。ここでも、(付2.2) 式の右辺の積分は実数 $x(>1)$ に関するものですが、値は一般には複素数です。

この (付2.2) 式は、$\zeta(s)$ を $J(x)$ で表すことができることを示していますが、リーマンはこれを $J(x)$ の方程式のように考えて、逆に $J(x)$ を $\zeta(s)$ で表す、次の式を作りました。

【付録2】$J(x)$の方程式を解く

$$J(x) = \frac{1}{2\pi i}\int_{a-\infty i}^{a+\infty i} \frac{\log \zeta(s)}{s} x^s ds \quad (a>1) \quad (付2.3)$$

　右辺の積分の被積分関数は、xとsの二つの変数を持つ関数ですが、(付2.1) 式とは異なり、今度はsについて積分するので、xだけの関数になります。ただし、sの積分の範囲は、実数 a (>1) をとおり、虚軸に平行な直線上を負の無限大 ($-\infty$) から正の無限大 ($+\infty$) までです。

　(付2.3) 式を求めるところで登場するのが、19世紀のフランスの数学者フーリエ (1768〜1830) の研究に始まる、フーリエ変換の理論です。この付録ではフーリエ変換について簡単に説明し、(付2.3) 式をどのようにして導くのかをざっと説明します。

付録2.1　フーリエ変換とリーマン

　このフーリエ変換は、実はその基礎づけをリーマンが深く研究し、貢献した分野なのです。いわば、フーリエ変換の技術はリーマンにとって自家薬籠中の物であり、それが、このゼータ関数の研究の鍵となる部分で遺憾なく発揮されています。

　そこで、フーリエ変換とは何か、リーマンがどのような研究をしたのかについて少し説明しましょう。

　フーリエ変換は、フーリエ級数と呼ばれるものの発展したものです。

　そこで、フーリエ級数を先に説明します。

■フーリエ変換[2]とリーマンの戦略

　フランスの数学者フーリエは、1807年からの一連の研究で、「全ての関数は、正弦関数（sin）と余弦関数（cos）を用いて表すことができる」という主張をしました。より正確には、以下の関数に重みをつけて、つまり定数をかけて、足しあげることで、2π を周期とする[3]全ての関数を表すことができるとの主張です：

　$\sin x$, $\cos x$, $\sin 2x$, $\cos 2x$, $\sin 3x$, $\cos 3x$, …, $\sin nx$, $\cos nx$, …（$n = 1, 2, 3, …$）

これらに、あと定数があるのですが、これは、$\cos 0x \equiv \cos 0 = 1$（$\equiv$はここでは「常に等しい」という意味です）に重みがついていると思えば、n が0から始まると考えればよいことになります。なお、$\sin 0x \equiv \sin 0 = 0$ ですから、$n = 0$ に対する $\sin nx$ は、重みをつけても足しあげには何の役割も果たさないので、ないのと一緒です。そして、これらの関数に重みをつけて足しあげたものが、フーリエ級数と呼ばれます。

　フーリエ級数は、いわば、正弦関数と余弦関数が関数の原子に当たることを主張しています。ただし、物質分子が原子で表されるのに比べると、原子の種類が無限にあることや、同じ原子を用いる個数が自然数とは限らない点が違

---

[2] より詳しい説明は、例えば、『高校数学でわかるフーリエ変換』（竹内淳著、ブルーバックス B1657）を参考にして下さい。同書では、多くのグラフを用いてわかりやすく解説されており、またフーリエ変換の応用例もしっかり紹介されています。
[3] 2π を周期とする関数とは、$f(x+2\pi) = f(x)$ が常に成り立つ関数のことです。

【付録2】$J(x)$の方程式を解く

います。

　さらに、関数の原子としては、別のものを使うこともできる点も、物質とは異なっています。例えば、テイラー展開では、xのべき乗：$1 = x^0$, $x = x^1$, x^2, x^3, …, x^n, … が、原子に当たります。この場合、関数がテイラー展開できるには、関数が何回でも微分できる必要があります。そして、同じ原子を使う個数に当たる各項の係数は、もとの関数を微分すれば求めることができます。

　ところが、フーリエ級数の各項の重みは、積分によって求められます。この点がフーリエ級数の優れた点なのです。ある関数をフーリエ級数で表したものは、元の関数のフーリエ展開と呼ばれます。元の関数に、不連続点など微分できない点があるとテイラー展開はできませんが、フーリエ展開はできる場合があります。この点が、フーリエ展開の強みです。

　フーリエは熱伝導の方程式を解く過程でこのような主張をしましたが、関数を正弦関数と余弦関数を使って表すアイディアは、フーリエ以前に、ダニエル・ベルヌーイ（1700〜1782）が思いついて、波動方程式を解くのに使っていました。フーリエの論文が衝撃的だったのは、彼が、ほとんどどんな関数でもフーリエ展開できると主張した点なのです。

　ただし、フーリエ級数の原子は、$\sin nx$ と $\cos nx$（$n = 1, 2, 3, …$）なので、フーリエ級数で表すことのできる関数は、2π を周期とする関数になってしまいます。

　しかし、自然数nとなっているところを、一般の実数k

にするとどんな周期の関数にも対応できるどころか、周期が無限大、つまり周期をもたない関数にも対応できるようになります。こうなると、必要な原子は実数と同じ個数必要になります。だから、同じ原子がいくつ必要かという重みを求めると、原子の個数と同じ、実数と同じ個数の重みが求まります。これは、実数の関数が求められたことに他なりません。つまり、一般の関数に対してフーリエ級数を一般化した場合、$\sin kx$ と $\cos kx$（k は実数）の係数を求めると、実数 k の関数が求まってしまうことになります。実数 x の関数に対して実数 k の関数が求まるので、この係数を求める操作は、元の関数に重みの関数を対応させるフーリエ変換と呼ばれます。

■フーリエ級数の重み

上で説明したフーリエの主張を、もう少し詳しく数式を用いて表すと以下のとおりとなります。

> $f(x)$ を周期 2π の関数だとすると、$f(x)$ は、三角関数を用いて、
>
> $$f(x) = \frac{a_0}{2} + \sum_{n=1}^{\infty} (a_n \cos nx + b_n \sin nx) \quad （付2.4）$$
>
> と表せる。

式の右辺の形の式は、フーリエ級数と呼ばれ、（付2.4）式自体は関数 $f(x)$ のフーリエ（式）展開と呼ばれます。先

【付録2】J(x)の方程式を解く

頭の項に1/2がかかっているのにも意味があるのですがここでは気にしないでください。

（付2.4）式に出てくる係数の a_n や b_n が原子の重みです。これらは、もとの関数 $f(x)$ に、それぞれ $\sin nx$ か $\cos nx$ をかけて、一周期分の平均をとれば求めることができます。平均をとるというのは、積分して周期の長さで割るということです。数式で書くと

$$a_n = \frac{1}{2\pi}\int_{-\pi}^{\pi} f(x)\cos nx dx,$$
$$b_n = \frac{1}{2\pi}\int_{-\pi}^{\pi} f(x)\sin nx dx \quad (n=1,\ 2,\ 3,\ \cdots) \qquad (付2.5)$$

となります。

（付2.5）式には、2種類の式がありますが、これらをまとめて

$$c_n = \frac{1}{2\pi}\int_{-\pi}^{\pi} f(x) e^{-inx} dx \quad (n=0,\ \pm 1,\ \pm 2,\ \pm 3,\ \cdots) \quad (付2.6)$$

と表すことができます。

ここで、c_n は

$$\begin{cases} c_n = (a_n - ib_n)/2 & (n=1,\ 2,\ 3,\ \cdots), \\ c_{-n} = (a_n + ib_n)/2 & (n=1,\ 2,\ 3,\ \cdots), \\ n=0 \text{ については、} c_0 = a_0/2 \end{cases}$$

と定めました。すると、$a_n = c_n + c_{-n}$、$b_n = i(c_n - c_{-n})$ $(n=1,\ 2,\ 3,\ \cdots)$ となります。$n=0$ についても、$a_0 = 2c_0$ として、前者は成り立っています。c_n をこのように定めて、

193

オイラーの公式から成り立つ

$$e^{inx} = \cos nx + i \sin nx,$$
$$e^{-inx} = \cos(-n)x + i \sin(-n)x = \cos nx - i \sin nx$$

を使うと、(付2.5) 式が (付2.6) 式と表されることがわかります。

そして c_n を使うと、$f(x)$ のフーリエ展開の式 (付2.4) は

$$f(x) = \sum_{n=-\infty}^{\infty} c_n e^{inx} \tag{付2.7}$$

と書くことができます。

■フーリエの定理

周期的とは限らない一般の関数に対しては、(付2.7) 式で自然数 n となっているところを実数 k に変えればよいのですが、この時無限和 $\sum_{n=-\infty}^{\infty}$ は、積分 $\int_{-\infty}^{\infty} dk$ に変わります。そして、(付2.7) 式は、

$$f(x) = \int_{-\infty}^{\infty} g(k) e^{ikx} dk \tag{付2.8}$$

と変わります。$g(k)$ は、(付2.6) 式で計算される c_n に対応するもので、

$$g(k) = \frac{1}{2\pi} \int_{-\infty}^{\infty} f(x) e^{-ikx} dx \tag{付2.9}$$

と、積分の範囲が $-\infty$ から ∞ までになります。ちょっと不思議ですが、係数の $\frac{1}{2\pi}$ は、そのままです。

この、

> 関数 $f(x)$ に対して（付2.9）式で新しい関数 $g(k)$ を作ると、元の $f(x)$ は、$g(k)$ の積分で（付2.8）式の形に表される。

という関係はフーリエの定理と呼ばれます。そして、（付2.9）式の $g(k)$ は、関数 $f(x)$ のフーリエ変換と呼ばれます。また、（付2.8）式の $f(x)$ は、$g(k)$ のフーリエ逆変換と呼ばれます。そして、（付2.8）式は、フーリエ反転公式と呼ばれます。なお、本によっては、（付2.9）式の右辺の係数 $\frac{1}{2\pi}$ は、（付2.8）式の右辺につけられたり、（付2.8）式と（付2.9）式の右辺の両方にわけて、それぞれの積分の係数が $\frac{1}{\sqrt{2\pi}}$ とされたりする場合もあります。

付録2.2　リーマン積分

フーリエの定理がどのような関数 $f(x)$ に対して成り立つかという問題は、フーリエが定理を主張してから多くの数学者によって研究されることになりました。（付2.6）式の c_n にしろ、（付2.9）式の $g(k)$ にしろ、$f(x)$ を表す原子である e^{inx} や e^{ikx} の係数は、$f(x)$ から積分で求められるのですから、係数を求める積分ができれば定理は成り立つことになります。

しかし、関数にはいろいろなものがあります。特にところどころ不連続な点がある関数について、フーリエの定理が成り立つのかというのは簡単にわかることではありません。そのような関数についても、係数を求める積分ができれば定理は成り立ちますが、実は、19世紀半ばまで積分という操作について、あまりきちんとした定義がない状態だったので、数学者たちが十分に踏み込んだ議論ができない状態だったのです。

例えば、原始関数が存在することは確かに積分ができるということについての一つの考え方です。そして、不連続点が有限個で、その他の部分では原始関数が存在するような関数であれば、フーリエの定理が成り立つということも証明されていました。

しかし、不連続点が無数にある場合は、難しいことになります。リーマンがフーリエの定理を適用した関数は、素数のところで不連続になっている、不連続点が無数にある関数ですから、まさに、この場合になっているわけです。

そこでリーマンは、積分の操作そのものをきちんと定義し、その定義の意味で積分できる関数についてはフーリエの定理が成り立つということを示しました。それまでの議論を高い次元に引き上げたということができるでしょう。

現在では、彼の定義による積分はリーマン積分と呼ばれます。その内容は、高等学校でも教わる区分求積法に他なりません。図付4のとおり、積分区間を分割し、それぞれの区間の代表点を選んで、そこでの関数の値に区間の幅をかけたものの和を考えます。その和が、分割を細かくして

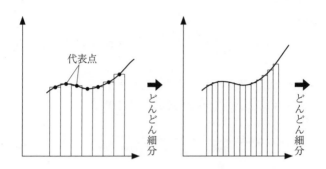

図付4 リーマン積分＝区分求積法

いった時にある値に収束する場合に、積分ができると考えることにしたのです。

このような発想も、言われてみれば素直な発想でしょう。ここでも、リーマンの素直な発想と、それをきちんと議論する数学的な技術との見事な融合を見ることができます。

付録2.3　$J(x)$ の方程式を解く

では、リーマンが、ゼータ関数 $\zeta(x)$ を関数 $J(x)$ を使って表す式

$$\frac{\log \zeta(s)}{s} = \int_1^\infty J(x) x^{-s-1} dx \qquad (\text{付}2.2)$$

にどのようにフーリエの定理を使って逆に $J(x)$ を $\zeta(x)$ で表す式

$$J(x) = \frac{1}{2\pi i} \int_{a-\infty i}^{a+\infty i} \frac{\log \zeta(s)}{s} x^s ds \quad (a>1) \quad (付2.3)$$

を見つけ出したのかについて説明します。

リーマンは上の (付2.2) 式が、(付2.9) 式

$$g(k) = \frac{1}{2\pi} \int_{-\infty}^{\infty} f(x) e^{-ikx} dx \qquad (付2.9)$$

に対応することを見抜きました。具体的には、(付2.9) 式で

$$\begin{cases} f(x) = 2\pi J(e^x) e^{-ax} \\ g(k) = \dfrac{\log \zeta(a+ki)}{a+ki} \end{cases} \qquad (付2.10)$$

としたものが (付2.2) 式なのです。ただし、(付2.2) 式の変数 s を、式 (付2.10) では $s = a + ki$ と書いています。つまり、a は s の実部 $\operatorname{Re} s$ で、k は s の虚部 $\operatorname{Im} s$ です。なんと、(付2.2) 式は、(付2.10) 式の $f(x)$ のフーリエ係数を表す式だったのです。どうして、そんなことがわかるのか不思議ですが、リーマンがフーリエ級数についても深く研究していたからこそなのでしょう。詳しいことは次の囲みにまとめます。

【付録2】$J(x)$の方程式を解く

リーマンは、まず、(付2.2) 式の s を $a+ki$ という形に書きました。a も k も実数です。ただし、a は、s の実部>1 なので、$a>1$ です。すると(付2.2) 式は

$$\frac{\log \zeta (a+ki)}{a+ki} = \int_1^\infty J(x) x^{-(a+ki)-1} dx \quad (a>1)$$

と書けます。そして、

$$x^{-(a+ki)-1} = \frac{x^{-(a+ki)}}{x} = \frac{e^{-(a+ki)\log x}}{x}$$

ですから、上の右辺は、

$$\int_1^\infty J(x) x^{-(a+ki)-1} dx = \int_1^\infty J(x) \frac{e^{-(a+ki)\log x}}{x} dx$$

$$= \int_1^\infty \left[J(x) e^{-a \log x} \right] e^{-ik \log x} \frac{dx}{x}$$

となります。

ここで、$y = \log x$ とおいて置換積分します。$x = e^y$、$dy = dx/x$ となり、x について 1 から ∞ までの積分範囲は、y について 0 から ∞ までの積分範囲となるので、上式は、

$$\int_0^\infty \left[J(e^y) e^{-ay} \right] e^{-iky} dy$$

となります。(付2.9)式と見比べると、$f(y) = 2\pi J(e^y)e^{-ay}$と対応していることがわかります。

積分範囲が違いますが、実はこれは問題にはなりません。$y<0$ の時は、$e^y<1$ ですから、付録1で説明したとおり $J(e^y)=0$ だからです。つまり、

$$\int_{-\infty}^{\infty}\left[J(e^y)e^{-ay}\right]e^{-iky}dy = \int_{0}^{\infty}\left[J(e^y)e^{-ay}\right]e^{-iky}dy$$

なのです。かくして、

$$\frac{\log \zeta(a+ki)}{a+ki} = \int_{-\infty}^{\infty}\left[J(e^y)e^{-ay}\right]e^{-iky}dy \quad (a>1) \quad (付2.14)$$

となります。これは、

$$g(k) = \frac{1}{2\pi}\int_{-\infty}^{\infty}f(x)e^{-ikx}dx \qquad (付2.9)$$

で、

$$\begin{cases} f(x) = 2\pi J(e^x)e^{-ax} \\ g(k) = \dfrac{\log \zeta(a+ki)}{a+ki} \end{cases} \qquad (付2.10)$$

とおいたものに他なりません。

そこで、フーリエの定理によって $f(x)$ のフーリエ展開を表す式

【付録2】$J(x)$の方程式を解く

$$f(x) = \int_{-\infty}^{\infty} g(k) e^{ikx} dk \qquad \text{(付2.8)}$$

に、(付2.10) 式を代入して、少し変形すると

$$J(x) = \frac{1}{2\pi i} \int_{a-\infty i}^{a+\infty i} \frac{\log \zeta(s)}{s} x^s ds \quad (a>1) \quad \text{(付2.3)}$$

と、めでたく、$J(x)$ をゼータ関数で表す式を手にすることができたのです。もう少し詳しいことは、下の囲みにまとめます。なお、(付2.3) 式の a は、1より大きな実数なら何でもかまいません。そのような実数を一つ決めてそれを a とすればいいのです。(付2.3) 式の右辺の積分の値は、そのような a 全てについて同じになるのですが、そのことは、s の実部が1より大きくなる範囲では関数 $\frac{\log \zeta(s)}{s} x^s$ には特異点がないことと、複素関数の積分に関するコーシーの定理からわかります。

$f(x)$ のフーリエ展開を表す式

$$f(x) = \int_{-\infty}^{\infty} g(k) e^{ikx} dk \qquad \text{(付2.8)}$$

に、(付2.10) 式を代入すると、

$$J(e^x) e^{-ax} = \frac{1}{2\pi} \int_{-\infty}^{\infty} \frac{\log \zeta(a+ki)}{a+ki} e^{ikx} dk$$

となります。この両辺に e^{ax} をかけると、

201

$$J(e^x) = \frac{1}{2\pi} \int_{-\infty}^{\infty} \frac{\log \zeta\,(a+ki)}{a+ki} e^{(a+ki)x} dk$$

となります。ここで、$a+ki$ を複素変数 s に戻すと、上式の右辺は $s=a$ を通る、虚軸に平行な線上で、$s=a-\infty i$ から $a+\infty i$ まで積分したものに等しくなります。なお、$a>1$ です(図付5参照)。

$ds=idk$ なので $dk=ds/i$ ですからこれを、経路を使って表すのではなく

$$\frac{1}{2\pi i} \int_{a-\infty i}^{a+\infty i} \frac{\log \zeta\,(s)}{s} e^{sx} ds$$

と表すことにすると

$$J(e^x) = \frac{1}{2\pi i} \int_{a-\infty i}^{a+\infty i} \frac{\log \zeta\,(s)}{s} e^{sx} ds$$

となりますが、ここで、あらためて e^x を x と書くと、右辺の積分の中の $e^{sx}=(e^x)^s$ は x^s となるので、上の式は、

$$J(x) = \frac{1}{2\pi i} \int_{a-\infty i}^{a+\infty i} \frac{\log \zeta\,(s)}{s} x^s ds \quad (a>1)$$

と書けます。これは(付2.3)式に他なりません。

【付録2】$J(x)$の方程式を解く

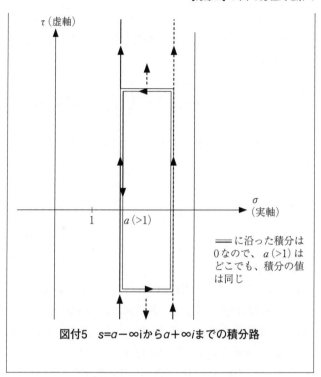

図付5　$s=a-\infty i$から$a+\infty i$までの積分路

■1/2の秘密

以上で、リーマンの戦略とフーリエ変換の関係についてわかりましたが、一つだけ付け加えておくことがあります。関数 $\pi(x)$ は、x 未満の素数の個数を表す関数でしたが、リーマンは x が素数の時は 1/2 を加えています。これは、フーリエの定理がその理由なのです。リーマンも論文の中でわざわざはっきり書いているので、説明をしておく

203

ことにします。

それは、$f(x)$ が x で不連続な時は、フーリエ反転公式（付2.8）は正確には

$$\frac{1}{2}(f(x-0)+f(x+0)) = \frac{1}{2\pi}\int_{-\infty}^{\infty}g(k)e^{ikx}dk \quad \text{(付2.8')}$$

となることに理由があります。これに対応して（付2.3）式も

$$\frac{1}{2}(J(x-0)+J(x+0)) = \frac{1}{2\pi i}\int_{a-\infty i}^{a+\infty i}\frac{\log \zeta (s)}{s}x^s ds \quad (a>1)$$

(付2.3')

となります。

ここで、$f(x-0)$ や $J(x-0)$ は、x より小さい方から x に近付けた時の $f(x)$ や $J(x)$ の極限値で、$f(x+0)$ や $J(x+0)$ は、x より大きい方から x に近付けた時の $f(x)$ や $J(x)$ の極限値です。すると、$\frac{1}{2}(f(x-0)+f(x+0))$ や $\frac{1}{2}(J(x-0)+J(x+0))$ は、それらの平均値です。

上の $\pi(x)$ の決め方は $\frac{1}{2}(\pi(x-0)+\pi(x+0))$ を対応させていることに他ならないわけです。こうしておくと、付録1で説明した $J(x)$ を $\pi(x)$ から計算する方法を見ると、$J(x)$ の不連続点での値は、$\frac{1}{2}(J(x-0)+J(x+0))$ になることがわかります。$J(x)$ が不連続になるのは、x が素数の自然数乗の場合だからです。つまり、最初に $\pi(x)$ の値がジャンプして不連続になる x が素数のところで、$\pi(x)$ の値に 1/2 を加えてその前後の平均とするという工夫

【付録2】J(x)の方程式を解く

をしておいたおかげで、(付2.3′) 式で正しく $J(x)$ が復元できるのです。

なお、x で連続なら $f(x-0)=f(x+0)=f(x)$ ですから、平均は $f(x)$ に等しくなるので、そのような点 x では、(付2.3′) 式や (付2.8′) 式は、(付2.3) 式や (付2.8) 式と同じ式です。

以上が 1/2 の秘密です。たいして意味のない工夫のように見えた 1/2 にも、こんな深い意味が込められていたのです。

【付録3】ゼータの特殊値

第4章の説明で、$\zeta(0) = -\dfrac{1}{2}$ となることを使いました。整数 n に関する $\zeta(n)$ の値は、オイラーによっていろいろな結果が得られています。このような、具体的な値は、特殊値と呼ばれます。ただし、これらの値は、リーマンの研究によって初めて厳密に値が求まったということができます。さて、その計算には、関 - ベルヌーイ数と呼ばれる一連の数[4]が登場します。

■関 - ベルヌーイ数

リーマンの定義式

$$\zeta(s) = \frac{\int_C \dfrac{z^{s-1}}{e^z - 1} dz}{(e^{2\pi i s} - 1)\Gamma(s)} \tag{3.2}$$

を使ってゼータ関数 $\zeta(s)$ を計算しようとすると、関数 $\dfrac{z^{s-1}}{e^z - 1}$ の複素積分を計算することになります。

この計算では、関数 $\dfrac{z}{e^z - 1}$ の $z=0$ を中心とするテイラー展開

---

[4] 通常はベルヌーイ数と呼ばれますが、すぐ後で説明する理由から、本書では関 - ベルヌーイ数と呼んでみましょう。

【付録3】ゼータの特殊値

$$\frac{z}{e^z-1} = \sum_{n=0}^{\infty} \frac{B_n}{n!} z^n$$

を利用します。ここでは、変数を z で表していますが、z を実数として考えても、複素数として考えても同じ展開式です。

z^n の項の展開の係数に n の階乗 $n!$ をかけた B_n（$n=0$, 1, 2, 3, …）は、1713年に出版されたヤコブ・ベルヌーイ（1654～1705）の遺著に登場したことから、ベルヌーイ数（Bernoulli number）と呼ばれています。しかし、その前年の1712年に出版された、我が国の関孝和（1642?～1708）の遺著の中でも、登場した筋道は異なりますが、B_n と同等の一群の数の定義が与えられ、基本的な性質が論じられています。関の業績がヨーロッパに伝わったのは後のことなので、惜しいことにベルヌーイ数と呼ばれるようになってしまいました。しかし、悔しいので、本書では、関 – ベルヌーイ数と呼ぶことにします。

■関 – ベルヌーイ数 B_n の計算

関 – ベルヌーイ数 B_n は、$\frac{z}{e^z-1}$ を、次々に $z=0$ で微分していけば求まります。また、最初の数項だけなら、e^z のテーラー展開や、等比級数の和の公式（を逆に使います）を使うことで、直接計算して求めることもできます。

その結果は、以下のとおりとなります。

・$B_0 = 1$, $B_1 = -\frac{1}{2}$, $B_2 = \frac{1}{6}$
・$B_3 = 0$ ですが、これは、3以上の奇整数 n に対しても同

様に $B_n=0$ (n は 3 以上の奇整数) が成り立ちます。これは、$\dfrac{z}{e^z-1}-1+\dfrac{z}{2}=\sum_{n=2}^{\infty}\dfrac{B_n}{n!}z^n$ が、偶関数、すなわち左辺の z を $-z$ に置き換えても不変なことからもわかります。

・以降については、

$$B_4=-\frac{1}{30},\ B_6=\frac{1}{42},\ B_8=-\frac{1}{30},\ B_{10}=\frac{5}{66},$$

$$B_{12}=-\frac{691}{2730},\ B_{14}=\frac{7}{6},\ \cdots$$

となります。

■整数 (n≦1) に対するゼータ関数の値

関-ベルヌーイ数の定義を使うと、留数の定理から $\int_C \dfrac{z^{n-1}}{e^z-1}dz=2\pi i\dfrac{B_{1-n}}{(1-n)!}$ がわかります。ただし、C は $z=0$ を中心として、半径が 2π より小さい円周上を左回りに回る積分路です。また、$1-n\geqq 0$ でないと意味がありませんから、$n\leqq 1$ の場合の話です。

そして、これを、ゼータ関数の定義式に代入して整理すると、

$$\zeta(n)=(-1)^n\Gamma(1-n)\frac{B_{1-n}}{(1-n)!} \qquad (付3.1)$$

となることがわかります。ただし、(3.2) 式を変形した式に代入します。詳しいことは省略します。

■ $\zeta(0)$

(付3.1) 式で $n=0$ とすると、$(-1)^0=1$, $\Gamma(1)=1$, $1!=1$, $B_1=-\dfrac{1}{2}$ ですから、$\zeta(0)=-\dfrac{1}{2}$ がわかります。

1より大きい s に対しては、$\zeta(s)=\sum_{n=1}^{\infty}\dfrac{1}{n^s}$ でしたが、この式でむりやり $s=0$ とおくと、$n^0=1$ が全ての自然数 n に対して成り立つので、$\zeta(0)=-\dfrac{1}{2}$ は、

$$\zeta(0)\lceil=1+1+1+\cdots\rfloor=-\dfrac{1}{2}$$

を意味していると見ることができます。ただし、形式的な計算の部分を「」で囲みました。上の式の中央の辺は明らかに無限大ですが、それが $-\dfrac{1}{2}$ であると考えることもできるというこの式は、実は、オイラーが彼流の計算の工夫で得ていたものです。それを、きちんと計算する、あるいは誰にでもわかるように計算するには、ゼータ関数 $\zeta(s)$ を複素数 s に対して考えることが必要だったのです。

■負の偶数に対するゼータ関数の値

負の偶数に対する $\zeta(-2)$, $\zeta(-4)$, …、一般に $\zeta(-2m)$ (m は正の整数) は、全て 0 であることは、第4章で説明しましたが、(付3.1) 式を使うことで、関-ベルヌーイ数を用いて以下のとおり示すこともできます。

(付3.1) 式で、n を負の整数 ($-m$ ($m\geq 1$)) とすると、$1-n=m+1$ は、2以上の整数となり、$\Gamma(1-n)=(1-n-1)!=(-n)!=m!$ だから、

$$\zeta(-m) = (-1)^{-m} m! \frac{B_{m+1}}{(m+1)!} = (-1)^m \frac{B_{m+1}}{(m+1)} \quad (\text{付}3.2)$$

となります。

そして、n が負の偶数のとき m は(正の)偶数ですから、$m+1$ は、3以上の奇整数となり、$B_{m+1}=0$ なので、$\zeta(-m) = \zeta(n) = 0$(m は正の整数)となり、確かに負の偶数はゼータ関数の零点になることがわかります。

■負の奇数での値

負の奇数の場合の例として、$m=1$ に対して、(付3.2)式を使うと、

$$\zeta(-1) = (-1)^1 \frac{B_{1+1}}{(1+1)} = (-1) \frac{B_2}{2} = -\frac{1}{12}$$

となります。$\zeta(0)$ と同様に、$\sum_{n=1}^{\infty} \frac{1}{n^s}$ でむりやり $s=-1$ とおくと、$\frac{1}{n^{-1}} = n$ が全ての自然数 n に対して成り立つので、

$$\zeta(-1) \lceil = 1+2+3+\cdots \rfloor = -\frac{1}{12}$$

を意味していると見ることができます。ここでも中央の辺は明らかに無限大ですが、それが $-\frac{1}{12}$ であるというこの式も、オイラーが既に得ていたものです。

【付録3】ゼータの特殊値

$m = 3, 5, \cdots$ に対しても、$\zeta(-m)$ は、関 - ベルヌーイ数を用いて計算されます。いくつかを次表に示します。

負の奇数での、リーマンのゼータ関数の値[5]

$\zeta(-1)$ $\qquad -\dfrac{1}{12} = -\dfrac{1}{2^2 \cdot 3}$

$\zeta(-3)$ $\qquad \dfrac{1}{120} = \dfrac{1}{2^3 \cdot 3 \cdot 5}$

$\zeta(-5)$ $\qquad -\dfrac{1}{252} = -\dfrac{1}{2^2 \cdot 3^2 \cdot 7}$

$\zeta(-7)$ $\qquad \dfrac{1}{240} = \dfrac{1}{2^4 \cdot 3 \cdot 5}$

$\zeta(-9)$ $\qquad -\dfrac{1}{132} = -\dfrac{1}{2^2 \cdot 3 \cdot 11}$

$\zeta(-11)$ $\qquad \dfrac{691}{32760} = \dfrac{691}{2^3 \cdot 3^2 \cdot 5 \cdot 7 \cdot 13}$

$\zeta(-13)$ $\qquad -\dfrac{1}{12} = -\dfrac{1}{2^2 \cdot 3}$

$\zeta(-15)$ $\qquad \dfrac{3617}{8160} = \dfrac{3617}{2^5 \cdot 3 \cdot 5 \cdot 17}$

$\zeta(-17)$ $\qquad -\dfrac{43867}{14364} = -\dfrac{43867}{2^2 \cdot 3^3 \cdot 7 \cdot 19}$

---

[5] 値は、黒川信重・栗原将人・斉藤毅『数論3 岩澤理論と保型形式』(岩波講座 現代数学の基礎16)(岩波書店、1998)

$$\zeta(-19) \quad \frac{174611}{6600} = \frac{283 \cdot 617}{2^3 \cdot 3 \cdot 5^2 \cdot 11}$$

$$\zeta(-21) \quad -\frac{77683}{276} = -\frac{131 \cdot 593}{2^2 \cdot 3 \cdot 23}$$

…

上の表で、$\zeta(-11)$ や $\zeta(-15)$、$\zeta(-19)$ 等の分子の因数に登場する素数は、整数論で重要な意味を持っており、それらは岩澤健吉(1917〜1998)が発見した岩澤理論で明かされます。

岩澤健吉は、今の群馬県桐生市に生まれ、東京帝国大学を卒業しました。1950年に渡米し、1952年までプリンストン高等研究所に滞在して以降、MIT(マサチューセッツ工科大学)、プリンストン大学の教授を務め、帰国後、1998年に死去しました。彼は、講義の名手として知られ、また、2冊の日本語の著書『代数函数論』、『局所類体論』は名著として多くの数学者に影響を与え続けています。

■正の偶数での値

$n = 2, 4, 6, \cdots$、一般に $2m$(m は正の整数)での値は、関 - ベルヌーイ数を使って、(有理数)$\times \pi^{2m}$ と表されます。

これは、第4章で登場した関数等式を変形した(4.13)式

【付録3】ゼータの特殊値

$$\zeta(s) = \frac{\Gamma\left(\dfrac{1-s}{2}\right)}{\Gamma\left(\dfrac{s}{2}\right)} \pi^{s-1/2} \zeta(1-s) \qquad (4.13)$$

を使って計算することができます。(4.13) 式で、$s=2m$ とすると、

$$\zeta(2m) = \frac{\Gamma\left(\dfrac{1-2m}{2}\right)}{\Gamma\left(\dfrac{2m}{2}\right)} \pi^{2m-1/2} \zeta(1-2m)$$

$$= \frac{\Gamma\left(\dfrac{1}{2}-m\right)}{\Gamma(m)} \pi^{2m-1/2} \zeta(1-2m)$$

となり、$2m>1$ なら $1-2m<0$ ですから、先に説明した負の奇数での値から求めることができます。

詳しい計算は省きますが、結果的に、

$$\zeta(2m) = \frac{(-1)^{m-1}}{2} \cdot \frac{(2\pi)^{2m}}{(2m)!} \cdot B_{2m} \quad (m は正の整数)$$

となります。

例えば、$m=1$ とすれば、$B_2 = \dfrac{1}{6}$ ですから

$$\zeta(2) = \frac{(-1)^{1-1}}{2} \cdot \frac{(2\pi)^2}{(2)!} \cdot B_2 = \frac{\pi^2}{6}$$

となります。これは、第2章で説明したバーゼル問題の答え

$$\frac{1}{1^2} + \frac{1}{2^2} + \frac{1}{3^2} + \cdots = \sum_{n=1}^{\infty} \frac{1}{n^2} = \frac{\pi^2}{6}$$

です。それにしてもなぜ、円周率 π が登場するのか、つくづく不思議な式ですが、その根源はゼータ関数の関数等式にあったのです。それでも不思議さは一層増すばかりではないでしょうか。

また、$m=2$ とすると、$B_4 = -\frac{1}{30}$ ですから、

$$\zeta(4) = \frac{(-1)^{2-1}}{2} \cdot \frac{(2\pi)^{2\cdot 2}}{(2\cdot 2)!} \cdot B_{2\cdot 2} = \frac{(-1)}{2} \cdot \frac{(2\pi)^4}{(4)!} \cdot B_4$$
$$= \frac{\pi^4}{90}$$

となります。

なお、$\zeta(2)$、$\zeta(4)$ などの値も、オイラーが得ていましたが、彼は、これらの値から、彼流の関数等式を用いて、負の奇数での値を求めました。ここでの説明とは逆のルートだったのです。面白いですね。

■正の奇数での値

現在のところ、この場合のわかりやすい表示式は知られていませんし、$\zeta(3)$、$\zeta(5)$ などの正確な値も知られていません。

ただし、$\zeta(3)$ が無理数であることは、1978年にフランスのアペリによって証明されました。これを発展させた結果や、インドの鬼才ラマヌジャン（1887〜1920）による無

限級数による計算式が知られていますが、まだまだほとんど未知の世界です。

【付録4】数式のまとめ

【バーゼル問題】

$$\frac{1}{1^2}+\frac{1}{2^2}+\frac{1}{3^2}+\frac{1}{4^2}+\frac{1}{5^2}+\cdots = \frac{1}{1}+\frac{1}{4}+\frac{1}{9}+\frac{1}{16}+\frac{1}{25}+\cdots$$
$$=\frac{\pi^2}{6}$$

【オイラーの一般化】

$$\sum_{n=1}^{\infty}\frac{1}{n^s} = \frac{1}{1^s}+\frac{1}{2^s}+\frac{1}{3^s}+\cdots \quad (s は 1 より大きな実数)$$

【オイラー積表示】

$$\sum_{n=1}^{\infty}\frac{1}{n^s} = \prod_{p:素数}\left(1-\frac{1}{p^s}\right)^{-1} \quad (s は 1 より大きな実数)$$
$$=\frac{2^s \cdot 3^s \cdot 5^s \cdots}{(2^s-1)(3^s-1)(5^s-1)\cdots}$$

【x 未満の素数の個数】

$$\pi(x) \quad ただし、x が素数の時は \frac{1}{2} を加える$$

【リーマンのゼータ関数】

$$\zeta(s) = \frac{\int_c \frac{z^{s-1}}{e^z-1}dz}{(e^{2\pi is}-1)\Gamma(s)}$$

【$\zeta(s)$ を $\pi(x)$ を使って表す】

$$\zeta(s) = \log\left(\sum_{n=1}^{\infty}\frac{1}{n^s}\right) = s\int_1^{\infty} J(x)x^{-s-1}dx$$

（$J(x)$ は $\pi(x)$ からメビウス変換で得られ、$\pi(x)$ は $J(x)$ からメビウス逆変換で得られる）

【上の式を $J(x)$ について解くと】

$$J(x) = \frac{1}{2\pi i}\int_{a-\infty i}^{a+\infty i}\frac{\log\zeta(s)}{s}x^s ds$$

（a は 1 より大きい実数）

ただし、リーマンが計算に使った $J(x)$ は、上を部分積分したもの

$$J(x) = -\frac{1}{2\pi i}\cdot\frac{1}{\log x}\int_{a-\infty i}^{a+\infty i}\frac{d}{ds}\left[\frac{\log\zeta(s)}{s}\right]x^s ds \quad (a>1)$$

計算結果

$$J(x) = Li(x) - \left(\sum_{\rho:\zeta(s)\text{の非自明な零点}} Li(x^\rho)\right) + \int_x^{\infty}\frac{dt}{t(t^2-1)\log t} - \log 2$$

$(x>1)$

【リーマンの素数公式】

$$\pi(x) \sim Li(x) - \frac{1}{2}Li(\sqrt{x}) - \frac{1}{3}Li(\sqrt[3]{x}) - \frac{1}{5}Li(\sqrt[5]{x})$$
$$+ \frac{1}{6}Li(\sqrt[6]{x}) - \frac{1}{7}Li(\sqrt[7]{x}) + \cdots$$

【ゼータ関数の関数等式】

$$\Gamma\left(\frac{s}{2}\right)\pi^{-s/2}\zeta(s) = \Gamma\left(\frac{1-s}{2}\right)\pi^{-(1-s)/2}\zeta(1-s)$$

あるいは、

$$\zeta(s) = \frac{\Gamma\left(\frac{1-s}{2}\right)}{\Gamma\left(\frac{s}{2}\right)}\pi^{s-1/2}\zeta(1-s)$$

【リーマンが発見したゼータ関数を非自明な零点で表す式】

$$\zeta(s) = \frac{\pi^{s/2}}{\Gamma\left(\frac{s}{2}\right)s(s-1)}\left\{\prod_{\rho:\zeta(s)の非自明な零点}\left(1 - \frac{s}{\rho}\right)\right\}$$

参考になる本

「リーマン予想」は多くの書籍で扱われており、本文中で引用した書籍のほかにも、以下も参考になるでしょう。

本書が難しすぎると思ったら、竹内薫著『**素数はなぜ人を惹きつけるのか**』(朝日新書) でウォーミングアップするとよいと思います。

リーマンの1859年の論文の翻訳と解説は、鹿野健編著『**リーマン予想**』(日本評論社) や、やや専門的になりますがエドワーズ著 (鈴木治郎訳)『**明解ゼータ関数とリーマン予想**』(講談社) で読めます。

本書でのゼータ関数の扱いは、松本耕二著『**リーマンのゼータ関数**』(朝倉書店) を参考にしました。この本は専門書の中では読みやすい本です。

最近の話題については、本書ではほとんど触れることはできませんでした。これらは黒川信重氏や小山陽一氏の一連の本で、いろいろな側面から扱われています。例えば、黒川信重著『**リーマン予想の150年**』(岩波書店) や、黒川信重著『**ゼータの冒険と進化**』(現代数学社) が読みやすいでしょう。

さくいん

【数字】

1位の極	106, 110
1位の零点	110
7問の未解決問題	10

【アルファベット】

n 位の極	107
n 位の零点	103

【あ行】

アダマール	137, 157
位数	103
エルデシュ	159
エルミート	59
オイラー	21, 29, 45
オイラー積	60, 67, 69
オイラー積表示	30
オイラーの公式	75
オルバース	22

【か行】

階乗	18, 52, 79
ガウス	73
ガウス平面	73
関数等式	39, 112, 116, 129, 130
ガンマ関数	78, 96, 116
鏡像の原理	160
共役	160
極	106, 107
極（グザイ関数の）	130
極（ゼータ関数の）	127, 130
虚数単位	71
虚部	25, 73
グザイ関数	128
グラム	162
グリーン	17
グリーン-タオの定理	17
クレイ数学研究所	10
グロタンディーク	38
原始関数	99
原論	14
合成数	17
コーシー	92
コーシーの定理	85, 108
コーシー-リーマンの方程式	91
小平邦彦	38
ゴールドバッハ	59
コンリー	164

【さ行】

ジーゲル	165
指数	49
指数関数	52, 57
指数法則	49, 52, 57
自然数	11
自然対数	55, 57
自然対数の底	59
実軸	81
実部	25, 73
自明な零点	40
ジャン	15
周期的	155
周期的な項	148, 150
シュルツェ	21
正則	88, 90
正則関数	88, 91, 104
積表示(ゼータ関数の)	127, 138
積分路	84, 101
ゼータ関数	10, 61, 89, 90
ゼータ関数自体を書き表す式	41
ゼータ関数の関数等式	100
ゼータ関数の零点	39
絶対値 (複素数の)	81
セルバーグ	159
総乗記号	30
総和記号	29
素因数分解	65
素数	11
素数定理	21, 23, 43, 137, 148

【た行】

対称性	39
代数学の基本定理	73
対数積分	143
タオ	16
ダブル渦巻き	151
チューリング	167
ティッチマーシュ	166
テイラー展開	52, 104
ディリクレ級数	37
ディリクレの関数	48
特異点	39, 86, 99, 100, 106, 111, 127

【な行】

ネピア	58

【は行】

背理法	13
バーゼル問題	26, 29, 44
バックルント	163
ハッチンソン	163
ハーディ	163
微分係数	87
非自明な零点	40, 133, 137, 150, 158, 159, 166
フォン・マンゴルト	165
複素関数	37, 70, 109

複素関数論	128
複素数	26
複素数の四則演算	71
複素微分	87, 100
プーサン	157
双子素数	14
双子素数予想	15
不定積分	99
フーリエ	35
フーリエ逆変換	35
フーリエ級数	35
フーリエ変換	35
ベッセル	22
偏角	81
偏角の原理	41, 136

【ま行】

メビウス	34
メビウスの帯	34
メビウス変換	34

【や行】

ユークリッド	14
予想	42

【ら行】

リーマン	10
リーマンのゼータ関数	26, 36, 70, 75, 98
リーマン面	38
リーマン予想	23, 40
リーマン予想の誕生	120
留数	108
留数の定理	99, 108
臨界線	121, 151, 153
臨界領域	118
ルジャンドル	78
零点	102
零点（グザイ関数の）	130, 131, 132, 159
零点（ゼータ関数の）	10, 25, 43, 127
レヴィンソン	164
ローラン展開	106, 108

N.D.C.412　222p　18cm

ブルーバックス　B-1828

リーマン予想とはなにか
全ての素数を表す式は可能か

2015年8月20日　第1刷発行

著者	中村 亨(なかむら あきら)	
発行者	鈴木 哲	
発行所	株式会社講談社	
	〒112-8001 東京都文京区音羽2-12-21	
電話	出版　03-5395-3524	
	販売　03-5395-4415	
	業務　03-5395-3615	
印刷所	(本文印刷) 慶昌堂印刷株式会社	
	(カバー表紙印刷) 信毎書籍印刷株式会社	
製本所	株式会社国宝社	

定価はカバーに表示してあります。
©中村 亨 2015, Printed in Japan
落丁本・乱丁本は購入書店名を明記のうえ、小社業務宛にお送りください。送料小社負担にてお取替えします。なお、この本についてのお問い合わせは、ブルーバックス宛にお願いいたします。
本書のコピー、スキャン、デジタル化等の無断複製は著作権法上での例外を除き禁じられています。本書を代行業者等の第三者に依頼してスキャンやデジタル化することはたとえ個人や家庭内の利用でも著作権法違反です。
Ⓡ〈日本複製権センター委託出版物〉複写を希望される場合は、日本複製権センター（電話03-3401-2382）にご連絡ください。

ISBN978-4-06-257828-8

発刊のことば

科学をあなたのポケットに

 二十世紀最大の特色は、それが科学時代であるということです。科学は日に日に進歩を続け、止まるところを知りません。ひと昔前の夢物語もどんどん現実化しており、今やわれわれの生活のすべてが、科学によってゆり動かされているといっても過言ではないでしょう。

 そのような背景を考えれば、学者や学生はもちろん、産業人も、セールスマンも、ジャーナリストも、家庭の主婦も、みんなが科学を知らなければ、時代の流れに逆らうことになるでしょう。ブルーバックス発刊の意義と必然性はそこにあります。このシリーズは、読む人に科学的に物を考える習慣と、科学的に物を見る目を養っていただくことを最大の目標にしています。そのためには、単に原理や法則の解説に終始するのではなくて、政治や経済など、社会科学や人文科学にも関連させて、広い視野から問題を追究していきます。科学はむずかしいという先入観を改める表現と構成、それも類書にないブルーバックスの特色であると信じます。

一九六三年九月

野間省一